流域水污染环境风险综合评价与时空信息管理

刘宝玲 李刚 尤宏 编著

化学工业出版社
·北京·

内 容 简 介

本书主要介绍了流域水污染环境风险SARM分区时空管理模式、流域水污染环境风险评价方法构建及流域水污染风险信息管理系统的设计与开发，并以松花江流域哈尔滨段为例展开水污染环境风险评价方法及SARMIS的应用研究，用以验证管理模式的科学性、评价方法的合理性及平台的实用性，旨在依托信息技术发展的最新技术和理念，构建符合信息技术发展方向的流域水污染环境风险管理方法和综合评价体系。

本书具有科学的水环境风险管理方法，完整的风险动态分区、峰值分区和区域风险综合评价体系，先进的信息化平台建设方案，可供水污染环境风险管理人员、信息平台构建人员及相关领域科研人员参考，也可供高等学校环境科学与工程、生态工程、地理信息科学等相关专业师生参阅。

图书在版编目（CIP）数据

流域水污染环境风险综合评价与时空信息管理/刘宝玲，李刚，尤宏编著.—北京：化学工业出版社，2021.5（2022.1重印）

ISBN 978-7-122-38744-8

Ⅰ.①流… Ⅱ.①刘… ②李… ③尤… Ⅲ.①流域-水污染-环境污染-风险评价-研究 Ⅳ.①X52

中国版本图书馆CIP数据核字（2021）第047701号

责任编辑：刘兴春 刘兰妹
责任校对：王素芹　　装帧设计：刘丽华

出版发行：化学工业出版社（北京市东城区青年湖南街13号 邮政编码100011）
印　　装：涿州市般润文化传播有限公司
710mm×1000mm 1/16 印张12 彩插6 字数191千字 2022年1月北京第1版第2次印刷

购书咨询：010-64518888　　售后服务：010-64518899
网　　址：http://www.cip.com.cn
凡购买本书，如有缺损质量问题，本社销售中心负责调换。

定　　价：86.00元

前言

中国正处在民族复兴、国家富强、中国梦逐步实现的高速发展阶段，党和国家始终重视生态环境建设，“绿水青山也是金山银山”，经济高速发展的同时不能以牺牲人居环境为代价。2020 年 8 月，习近平总书记在安徽考察时再次强调“生态环境保护和经济发展不是矛盾对立的关系，而是辩证统一的关系。把生态保护好，把生态优势发挥出来，才能实现高质量发展。”在中国经济步入新常态的形式下，风险内涵和外延的变化使得水环境风险成为一项越来越复杂的管理命题，提出解决当代高复杂度管理命题的水环境风险管理模式是目前风险管理者迫切需要的。

信息化高速发展，时空大数据、IOT、信息多维模型建模与信息化协同技术成为支撑社会高复杂度问题处理的必然和有效技术手段。信息化技术超强的计算力、深度的数据挖掘力和敏捷的网络在线传输力，让水环境风险实现实时的、动态的、精细化的管理成为可能。

面对流域水污染事故风险管理问题，本书根据风险的动态精细化管理模式提出了相对应的风险管理评价体系，依托信息技术建立与之相匹配的信息系统平台，从而完成一种普适性的流域水污染事故环境风险评价方法和信息化管理系统的搭建方法，不仅可以对未来流域水污染事故风险源管理提供新的管理理论，也可为环境管理行政部门提供新的信息技术管理手段和平台；形成流域水环境安全可靠的保障，对新常态下区域经济发展、环境改善具有现实意义和实用价值。

本书共 5 章：第 1 章绪论，介绍研究背景、目的、意义、环境风险评价与管理研究综述以及本书的研究内容和技术路线；第 2 章流域水污染环境风险管理模式，构建了流域水污染事故环境风险系统框架，提出流域水污染事故环境风险的 SARM（Sources Areas and Receptors Management）分区时空管理模式，并建立与风险源（S）、影响区域（A）、直接受体（R）相应的事故危险性评价（H）、环境脆弱性评价（V）、污染暴露性评价（E）的三方管理主体评价模式；第 3 章流域水污染环境风险评价方法构建，建立了 HVE 指数评价指标体系，分别构建 HVE 评价样本点识别方法、HVE 指标参数分析模型及 HVE 指数评价模型方法，并将时间轴和距离权重引入到风险指数模型中，对风险指数模型进行相应的改进，构建风险动态分区评价模型、风险峰值分区评价模型和区域风险综合评价模型；第 4 章流域水污染风险信息管理系统的设计与开发，依据环境风险管理模式及评价方法体系，立足于风险管理者的需求搭建环境风险管理信息系统，完整设计基于云计算的三层系统架构，该系统明确 SARM 管理模式的核心评价模型的集成模式、技术和方法，并将该系统命名为 SARMIS（Sources Areas Receptors for Management Information System）；第 5 章 SARMIS 在松花江流域哈尔滨段应用，以松花江流域哈尔滨市域范围为例，展开流域水污染环境风险评价方法及 SARMIS 的应用研究，来验证管理模式的科学性、评价方法的合理性及平台的实用性，得出松花江流域哈尔滨段水污染事故环境风险动态分区图谱、峰值分区图谱以及区域综合风险等级，并根据风险评价结果提出相应的风险源管理措施。

本书由刘宝玲、李刚、尤宏编著，具体编著分工如下：第 2 章、第 3 章，以及 5.1～5.3 及 5.5 部分由刘宝玲编著；第 1 章、第 4 章及 5.4 部分由李刚编著；全书编著指导与修改由尤宏完成。全书最后由刘宝玲统稿、定稿。

本书得到“水体污染控制与治理科技重大专项”设立的“松花江出境水质目标管理及出境河段污染控制技术强化和工程示范”的子课题“基于中俄界河和松花江出境水质的高环境风险源识别”

(2009ZX07207-008-5-2)、“黑龙江省自然科学基金”项目“黑龙江省畜禽污染风险评价与监控系统构建研究”课题（LH2019D017）以及“哈尔滨学院青年博士科研启动基金”项目“基于 GIS＋Big-Data 技术的生态评价及信息化管理系统研究”（HUDF201719）课题的共同支持编写和出版，特此致谢！

限于编著者水平及编著时间，书中存在不足和疏漏之处在所难免，敬请读者批评指正。

编著者
2020 年 11 月

目录

第 1 章　绪论 /001

第 2 章　流域水污染环境风险管理模式 / 024

第 3 章　流域水污染环境风险评价方法构建 / 037

第 4 章　流域水污染风险信息管理系统的设计与开发 / 087

第 1 章

绪论

1.1

研究背景、目的及意义

1.1.1 流域水污染风险评价研究背景

环境是人类之外的一切相关事务，是人类赖以生存和发展的物质条件综合体。人类离不开环境却又在发展中破坏着它的平衡，河流污染、安全事故频发、雾霾扩散、植被破坏、水土流失等都和人类的活动息息相关。近年来中国经济无论在尺度、强度还是速度方面都实现了迅猛发展，在提高人们生活水平的同时也伴随着越来越严重的环境污染问题。我国工业化发展进入了中后期阶段，每年化工企业的发展速率已经远远超过了美国、欧盟和日本，成为世界第三大化工交易市场和进口商[1]。化工企业大量增加的同时伴随着环境问题越来越突出，对自然资源造成了极大压力，尤其是地表水污染事故较为严重。我国面临的环境风险正在逐步加大，突发性水污染事故进入高发期，并总体呈上升趋势。经济的可持续发展与生态环境保护之间的矛盾也越来越突出，经济发展造成了严重的环境污染，同时环境污染制约了经济的发展，威胁着人民群众的身体健康和生命财产安全。工业风险源污染事故具有突发性强、影响范围广、强度大以及对人类危害程度较高的特点。尤其是经济发达地区，往往也是人口稠密区，存在大量的工业企业，使得环境污染事故频发，在区域尺度时空下不断传播，造成了较大的损失。因此，工业污染源风险的防治与管理成为国内外学者研究的重点。我国突发性环境事故中水污染约占 1/2 以上；事故类型以危险化学品泄漏为主，占总事故类型的 1/2 以上；其次为爆炸和火灾。水污染事故危害呈现以下特征。

① 时间分布：污染事故发生时期主要在 5～9 月。

② 空间分布：主要集中在中小型企业所在区域，中小型企业产生事故的概率高于大企业[2]。

③ 事故环节：在储存和运输过程中发生的污染事故所占比重较大。

④ 污染物：95%以上的环境污染事故的污染物为有害化学品，如甲烷、氯气、硫化氢、硫酸、氯化氢、苯、甲醇等。

⑤ 危害性：事故一旦发生极易产生环境污染及人身伤亡。

⑥ 事故原因：污染事故原因过半数是人为干扰，其次为管理不当和设备故障[3]。

未来一段时间水污染事故依旧是高发期，水污染环境风险评价成为当今环境研究领域的重中之重。科学合理的评价方法也成为当今科学界的研究的重点。

计算机科学在近年来的迅猛发展推动着云计算、物联网的兴起，而大数据是继云计算和物联网之后又一颠覆性的技术革命。“大数据”一词越来越多被提及并在各个行业展开了研究和应用。环保领域大数据也进入了环境管理者及学者的视野。环保数据是环境研究与管理的真正价值所在，人们对海量数据的挖掘和应用是提出科学管理的重要依据。环境风险具有多样性、复杂性和不确定性，涉及社会当中的方方面面并且影响因素错综复杂，产生的数据量较大。传统的、静态的、孤立的、非信息化的风险管理已经满足不了现代化的需求。

因此，随着社会的发展，人们对环境风险的意识在发生改变，环境管理者的管理需求也在发生变化。当下社会发展模式下，对于环境风险管理者来讲迫切需要高效实用的管理模式、科学合理的评价方法以及便捷实用的管理系统。本书依据当下环境风险管理者的迫切需求，开展相应研究，解决相应风险评价与信息化管理系统的问题，为环境污染防控与决策提供理论依据，为管理手段实现信息化提供技术支撑。

1.1.2 本书研究目的及意义

随着水污染事故的频发，流域水污染环境风险评价与管理的命题成为当今研究的重点。通过对国内外研究成果分析表明降低流域水污染风险措施主要有 2 个方面。

① 对风险源进行有效的监督和管理。从源头控制，降低事故发生的可能性和危险性。

② 提高区域的环保应急能力。降低事故发生后的危害程度，提高流域水污染风险应急与防范能力。

这就使得环境保护部门迫切需要利用有效的流域水污染环境风险评价方法及手段帮助人们充分理解环境风险程度，以最优化的方式管理环境风险，最大程度地保护人民财产安全。可以看出，流域水污染风险污染介质的特殊性，使污染系统本身就带有复杂性及区域独特性，因此研究水污染环境风险具有重大的现实意义。从风险管理角度出发，基于风险源、区域环境和污染受体之间相互作用，相互影响的关系，提出结合管理者思想的、动态的、分区管制的、体现三方评价主体的流域水污染环境风险管理模式，并根据该模式建立普适性的流域水污染环境风险评价框架和方法体系，为未来区域风险源管理提供基础理论和模型方法。同时为了满足风险动态管理的需求，设计开发一套适用于流域水污染环境风险的管理平台，并将其应用到松花江流域哈尔滨段的具体案例中。通过实例检验该流域水污染环境风险管理模式的合理性、评价方法的准确性及管理平台的可行性，并根据检验结果进行适当修正调整；为流域水污染环境风险评价及规划提供信息化平台，为区域环境保护管理部门提供科学决策的依据及风险管理系统化、可视化和计算机化的精确管理手段。

1.2
环境风险评价与管理研究综述

1.2.1 环境风险评价与管理概述

1.2.1.1 风险

风险指的是危害事故产生的不确定性和后果产生的严重性共同作用的结果[4]。从风险的概念中可以得出其包含的两层含义：

① 事故发生具有不确定性特点。即是否发生有害事故，在何时何地发生，影响范围、受体、强度等方面都具有不确定性。

② 事故一旦发生产生后果的严重性程度。事故造成的人员伤亡、环境污染、经济损失、社会恐慌等严重后果。

风险按风险作用的对象不同可以分为工程类、金融类、人体健康类、环境污染类、自然灾害类等。本书的风险类型为环境污染类。

1.2.1.2 环境风险评价

环境是社会的一个子系统，随时随地存在着环境污染的风险，尤其是近年来经济的发展导致环境污染事故频发。因此，环境风险评价成为削减风险的主要途径。

目前，环境风险评价的定义在国际上还没有形成统一的、明确的规定。美国环保署（US EPA）对环境风险评价是这样界定的：基于一定条件，受到人类活动或自然灾害触发，有可能产生对人体健康和环境系统造成危害性的事故，对危害性事故的潜在性和影响度的分析和判断，危险程度和重要性的度量称为环境风险评价。

我国学者对环境风险评价也做了一些界定。钟政林[5]、胡二邦[6] 等对环境风险的触发因子的认知与 US EPA 相似，认为是自然灾害或人类活动引起的，事故一旦发生，污染物将通过环境介质进行迁移转化，最终到达受体（人类社会及自然环境）并对其产生破坏、损害甚至产生毁灭性后果，对事故发生的概率及事故后果的判定即为环境风险评价。综合以上定义，对环境风险评价内涵进行总结：a. 触发因子——人类活动或自然灾害；b. 评价内容——引发危害的可能性及危害程度，包括人体、社会、经济、生态等方面所遭受的负面影响；c. 评价目的——根据评价结果对环境风险进行管理和决策。

正是由于环境系统的复杂性、综合性等特点，在进行环境风险评价时要立足于全局，涵盖整个环境风险评价内涵的各个层面所包含的要素，理清其要素之间的复杂关系并进行综合性评价，不能仅从一个方面出发片面地进行评价，环境风险是自然环境和人类活动综合作用下产生的危险性、脆弱性和适用性的结果[7]，应该综合考虑区域的自然因素和人为因素。

1.2.1.3 环境风险评价分类

环境风险评价的类别有很多，划分原则不同分类也不同：时间上分为回顾评价、现状评价和预测评价；空间上分为项目评价和区域评价；风险属性上分为人体健康评价、事故风险评价、灾害评价和生态评价；评价方法上分为定性、定量、定性定量相结合[8]。

鉴于本研究的目标及评价对象，本书的环境风险评价研究的类别划分为：时间上为现状评价与预测评价相结合；空间上为区域环境风险；风险属性上为水污染事故风险评价；评价方法为定性定量相结合的方法。针对本书风险评价类型分别介绍国内外环境风险评价研究现状。

1.2.1.4 区域环境风险评价

区域环境风险评价是这样界定的：以所影响的地理范围为尺度对环境问题进行量化和系统化评价及对比的过程[9]。它解决的是一个关于多生境和多源头所释放的影响，涉及多终点的多层压力的复杂问题[10]。与传统的环境风险评价的概念和内涵相比较，区域环境风险评价的区域景观特性、风险特性、暴露程度和影响区域等要素具有区域空间特征[11]。例如，受到地质、地形、气候和土地利用等要素影响的地表水、地下水和土壤等环境要素的地理空间分布及拓扑关系特征；这些空间要素控制着区域环境受体的脆弱程度。时间和空间模式下的污染物的暴露依赖于危害源和受体之间的相互关系以及空间的迁移和转化过程。这些模式的空间综合体影响着风险的空间分布。因此，区域环境风险评价比传统的风险评价更强调各要素之间的空间拓扑关系。

1.2.1.5 环境风险管理

环境风险管理的定义国际上也没有统一的概念。欧盟（European Union，EU）认为风险管理是通过采取一系列的措施，使风险水平降到最佳水平或至少是可接受的水平，但必须保证风险削减后的效益大于潜在损失[12,13]。US EPA给出风险管理的定义：风险管理主要立足于如何保护人体健康的评估和管理的过程[14]，风险管理在考虑经济、社会、环境、政治和技术水平等相关因素的影响下，为环境风险提供相关信息。欧洲环境署认为，风险管理是设定一个可以达到“期望输出”，并以此作为决策依据的过程，其结果是风险降到可接受的水平，环境标准、相关法规条例、风险分析都可以成为界定“期望输出”的标准[15]。我国学者对风险管理也做了相关界定，认为风险管理以法律法规条例及行业标准为依据，在综合考虑社会、经济、环境、政治等因素的影响下，明确风险的可接受水平并执行最优化的管理措施，选择有效的防控技术进行风险削减以降低和消除风险度，维护社会、经济和生态系统平衡[16,17]。

环境风险评价与环境风险管理一直以来就是不可分割的整体，它们是相辅相成的关系。环境风险评价是提供环境风险管理与决策依据的有效方法，而风险管理又是执行风险评价结果途径和手段，通过风险决策可实现风险防控的目的。

1.2.2 环境风险评价与管理研究现状

1.2.2.1 国内外环境风险评价与管理的发展历程

在环境保护领域，环境风险受到社会的重视，环境风险评价与管理成为一个重要的研究方向，许多研究学者在这方面进行了大量卓有成效的研究，产生众多成熟的技术和方法并应用到实际当中。

(1) 环境风险评价与管理发展萌芽阶段

风险评价萌芽于20世纪30年代的美国，由Karelitz发表的一篇麻疹暴露流行病学的报道[18]使得人们在人体健康方面产生了关注，这篇报道成为健康风险评价的雏形[19]。该阶段大概有以下特点：

① 概念和内涵的界定角度。对于风险评价内涵的界定不明确，国际上也没有统一的认识；

② 评价方法角度。主要以定性研究为主，到20世纪60年代才出现少量的定量及半定量研究[20]；

③ 风险管理角度。发达国家颁布的一些法律法规条例对环境风险进行管理，如美国1967年颁布了《有毒物质防控法案》(TSCA) 对有毒物质的管理，欧盟1967年的《危险物质指令67/548/EEC (DSD)》，该指令明确规定了对危险化学品分类、包装和识别的管理条件[21]。

(2) 环境风险评价与管理快速发展阶段

20世纪70～80年代，经过萌芽期近30多年的研究，环境风险评价得到迅速发展，该阶段的特点如下：

① 概念和内涵的界定角度。在工业化的迅猛发展导致了一系列的环境污染事故的背景下，推动了环境风险评价的内涵和外延不断地扩大和发展，进一步明确了风险源和风险受体。

② 评价方法和体系角度。该阶段的风险评价方法已由定性分析转向定量评价，风险评价的科学体系初步形成并不断发展与完善，其中最具代表性的评价体系来自《核电厂概率风险评价实施指南》(WASH-1400)，是由美国核能委员会(NRC) 于1975年提出的，并于1976年形成系统[22]。此时期代表方法为风险评

价四步法，即危害识别、剂量-影响关系、暴露评价与风险特征，该方法由美国国家科学院在 1983 年出版的红皮书《联邦政府的风险评价：管理程序》中提出的[23]。

③ 风险管理角度。发达国家相继制定并颁布了一系列指导性文件、指南和准则对风险进行管理，具有代表性的有：1974 年，日本在工业化学品的管理遵照《化学物质控制法》(CSCL)，该法律建立了一套新工业化学品报告和评价的系统体系，并严格管理有害化学品的生产、进口和使用，该法经过 1986 年和 2003 年两次修正；同年西德政府颁布了《联邦排放控制法》，列出了 319 种对人体及动物产生危害风险物质，应加以控制；1985 年，World Bank 的环境和科学事务办公室颁布了两项主要规章指南，分别为《发展中国家识别、分析和控制主要风险装置指南》[24] 与《工业危害评估技术手册》[25]；1987 年欧盟制定法律以及经济合作与发展组织编制报告，将环境风险评价引入到项目开发中，对项目开发以及行业生产过程中可能发生突发性化学事故进行评估和规范[26,27]；第二年联合国环境规划署（UNEP）制定了《地区性紧急事故的意识和防备》，即阿佩尔计划（APELL)，提出了区域对潜在危险和意外做事先准备是很重要的，针对紧急事故应当建立相应的应急响应计划[28]。

我国的环境风险评价和管理工作较国外发达国家起步较晚，当国际上环境风险评价处于发展阶段末期时，我国才渐渐受到国际形势的影响，风险评价和管理逐步受到政府部门的重视，标志性事件为国家环保局在 1989 年成立了有毒化学品管理办公室，负责开展危险化学品的风险评价和管理工作[29]。

(3) 环境风险评价与管理发展完善期

20 世纪 90 年代至今风险评价进入完善期，国外在环境风险研究重点发生了改变：风险源由单一污染源转化为多种污染源复合研究；评价类型由单一源的健康风险评价转变为多源的生态风险评价[8]；评价领域由局部扩展到区域甚至全球[30]；生态评价对象由个体、种群上升为群落和生态系统。此阶段半定量、定量及二者相互结合的风险预测技术得到了一定的发展[31]。美国在 1992 年，由 USEPA 发布了《风险暴露评价指南》，遂取代了 1986 年的版本[32]。1993 年提出的道氏火灾爆炸指数法对生产过程、工艺装备、危险物质等的危险性进行定量评价。1998 年出台了《致癌风险评价导则》；同年正式颁布了《生态风险评价指南》，该指南修改和延伸了以前所提出的生态风险评价框架，并广泛应用于各国风险研究工作。在风险管理方面详细规定了在新化学物质投入市场前的一系列审批措施和处理现存化学品潜在风险的一系列方法。欧盟在此阶段也改变了过去简单的危险化学品风险识别和评价的方法，转为现在的基于保护原则的风险安全评价[33-35]。1995 年，英国环境部（UKDOE）提出了环境与生态风险评价和管理的过程框架[36]。日本在 2003 年《化学物质控制法》（CSCL）修正案中将 4 类新特征引入法案，分别为引入了生态影响考察、引入暴露信息的概念、引入对已知的持久性、高度累积性化学品的处理方法、一项必要条件强加于化学物品的生产商和进口商，他们必须提供物质的所有有害属性信息[37,38]。截至目前尚无环境风险评估的国际标准[39]。

（4）我国环境风险评价现状

20 世纪 90 年代至今，国外风险评价进入“完善期”阶段，我国在该阶段其研究主要引用国外的研究成果，主要有有毒有机污染物综合风险评价方法、生态风险评价方法和化学物质风险评价方法[40,41]。因引入国外的研究成果所以我国风险评价研究发展迅速，但也具有其弊端就是引入的方法和技术性文件没有体现中国自身国情。但该阶段大量的法规、管理制度、指南导则等陆续颁布，加大了我国风险评价与管理的进程。一些部门颁布的法规和制定的管理制度中已经明确提出环境风险评价的内容[42]。如国家环保局在 1990 年下发了 57 号文，文件中明确规定了对于存在重大的环境污染事故隐患的项目进行环境风险评价[19]。首部较完备的环境风险评价案例是 1992 年完成的秦山核电厂事故应急实时评价系统[43]。1993 年国家环保局又针对建设项目实施风险评价而颁布了《环境影响技术导则（总则）》[8]。在 20 世纪 90 年代末到 21 世纪初期，污染物生态风险评价和污染物产生的人体健康风险评价研究在国内广泛盛行，建立了相应区域生态风险指标，对中国不同区域尺度下的污染和其他因素的干扰进行生态风险评价。在此期间我国学者对环境评价方法进行了相应的研究。包括辽河三角洲及洞庭湖湿地的区域生态风险评价，漓江风景区及其他区域的重金属生态风险评价研究[44-47]。张维新等在 1994 年应用模糊评价法提取风险中的模糊信息对生产企业开展了环境污染事故风险评价。张洛平等在 1998 年应用 EQC 和 Soil-Fug 模型开展了农药使用对厦门海域的初步环境风险评价的相关研究[42]。任鲁川在 1999 年针对区域灾害风险做了较为详尽的阐述，将风险分析分为风险识别、风险估算及风险评价三个方面，并利用风险指数模型进行风险估算[48]。

有关人体暴露风险评估研究主要集中在区域特定污染物对人体健康影响和人体暴露途径的研究上。21 世纪以后，我国风险评价和管理的研究工作进入了发展完善阶段。这一阶段我国风险评价技术日渐成熟，相关法律法规体系和行业标准与指导文件也逐步完善。2001 年，国家经贸委为了保障工人安全健康的权利发布了《职业安全健康管理体系指导意见》和《职业安全健康管理体系审核规范》，对企业及用人单位提出要进行安全管理保障程序，从危险辨识、风险评价和控制措施三方面进行管理体系建设[49]。2002 年《环境影响评价法》颁布。2004 年《建设项目环境风险评价技术导则（HJ/T 169—2004）》提出了建设项目环境风险评价路线。之后相继出台《危险化学品重大危险源辨识（2009）》《重点监管的危险化工工艺目录（2009）》《危险化学品重大危险源监督管理暂行规定（2011）》《企业环境风险等级评估方法（2012）》《重点监管的危险化学品名录（2013）》以及《污染场地风险评估技术导则（2014）》等一系列法律法规和技术规范，并对其进行持续更新。

2012 年，随着“十二五”规划时期的到来，国家环保部也颁布了《化学品环境风险防控“十二五”规划》，规划中立足于产业结构的调整，放眼于产业的布局，完善环境管理领域重点因素的相关制度，提高对危险化学品排放的监管力度，加强环境风险防范与管理[43]。我国学者在此阶段对环境风险评价和管理等方面做了大量的研究。1997 年曾光明针对水环境相关特性对传统的遗传算法进行改进，改进后的风险评价模型在实例中的应用进行研究，并取得了较好的成果[50]。张应华等（2007）基于对水源地石油污染开展了基于不确定性分析的健康环境风险评价[51]。曲常胜等（2010）以省域为单元对我国各省的区域环境风险状况进行评估，在评估过程中建立了危险性和脆弱性两大指标，以区域为尺度，以时间为序列对风险进行评价[51]。崔健等（2015）建立了基于层次分析法的多级模糊综合评价模型对天津海域船舶化学品事故发生风险进行评估，其中采用了基于危害后果指数法预测其危害程度[52]。杨蕾等（2019）利用比较风险评价方法对各类环境问题风险进行评估与排序，根据排序有针对性地进行管理优先级的设置[53]。

1.2.2.2 环境风险评价与管理方法

在风险评价研究中应用的方法有很多，如专家判断法、故障树或事件树法、蒙特卡罗法、贝叶斯模型、相对风险模型、暴露计量-反应模型、风险矩阵、模糊综合评判模型、区域综合风险指数法、所属性决策等方法。本书结合研究现状，对区域环境事故性风险评价与管理的主要方法做简要介绍。

（1）专家判断法

专家判断法对难以量化的因素以匿名的方式咨询相关领域专家的意见，经过多轮意见咨询、反馈和调整后，集合多数专家经验与主观判断，并对专家意见进行统计、处理、分析和归纳，对参数价值和价值可实现程度进行合理估算的方法。专家判断法对其他方法难以直接量化的参数是十分适用的，由于风险中包含有太多无法直接定量分析的参数，因此，在环境风险评价中专家判断法自被引入到风险评价中后，一直为各界学者广泛采用且沿用至今，但方法应用的重点程度渐渐弱化，由一开始的主要靠专家判断法进行评估风险，如殷学林等（2005）采用专家打分法，对 JU2000-1 的建设项目所面临的每一单个风险，利用专家经验和知识进行判断并赋予相应权重赋值，最终得出了项目风险水平小于评价基准，得出项目可实施的结论[54]，到现在仅仅利用它确定难以量化的少量指标参数，如 Jaana Sorvari 和 Jyri Seppälä 2010 年在污染场地的风险管理决策中，对一些无法直接量化的指标应用专家判断法，根据相关评判准则将这些指标最终赋值，参与到风险管理措施的多准则分析中[55]；Topuz E 等在 2011 年采用专家判断法对个别指标进行量化，从而对化工厂的有毒有害危险化学品进行风险识别，判断出主要风险源及事故风险因素，运用量化的多准则方法对环境和人体风险进行评价和决策[56]。同时结合相关信息化手段进行专家判断，如 Grech A 等在 2011 年以大堡礁海草为研究对象，采用网络专家调查法对海草产生威胁的因素进行专家打分赋值，对海草的脆弱性进行量化，并最终得出生态脆弱性的风险值[57]。

专家判断法的优点是对无法直接量化的指标进行经验式赋值，从而大大简化了评价的过程；缺点是由于主观性较强及专家之间个人认知的多样性导致风险评价和分析过程中具有不确定性的弊端。

（2）故障树法

故障树分析（Fault Tree Analysis，FTA）起源于 1962 年，是由美国贝尔电报公司的电话实验室开发的，通过一种特殊的倒立树状逻辑因果关系图形象地对风险进行分析，是安全系统工程的主要分析方法之一。故障树法由于能够很好地展现逻辑关系及定量定性通用的优点而受到广大学者的青睐，并将该方法与其他方法相结合取得了较好的应用效果。例如，刘杨华在2011年以松花江干流为研究对象，针对流域突发性水污染事故利用故障树分析确定沿江风险源事故发生的可能性，作为风险识别的一项主要评价指标[58]；王玉娥等在2013年建立油库静电火灾爆炸事故的故障树，该故障树体现了能够引起油库静电所导致的火灾爆炸等危险因子的原因及其逻辑关系，结合布尔代数简化故障数，对火灾爆炸事故进行定性与定量分析，并提出相应的防火防爆措施[59]；Lavasani SM 等通过对大量数据的调研分析，采用故障树分析法在模糊环境下对石化企业生产过程中的火灾、爆炸、有毒气体的释放等潜在的风险进行辨识，并以脱乙烷塔操作失灵为实例进行验证[60]。

故障树法的优点是对系统故障既可以做定性分析也可以做定量分析，并且可以构建不同模式下分析系统故障。但构建时产生的多余量较多是其一大弊端，并且对分析人员专业素质要求较高，因个人认知水平而易发生错误和失察。

(3) 事故后果预测模型

事故后果预测模型是通过一系列相应的污染物迁移转化模型预测风险发生事故产生的暴露计量及影响程度。事故后果预测是依据现实状况下对可能产生的污染程度通过一定的模型做预测分析。预测是风险评价中必不可少的环节，也吸引了相当一部分学者在研发改进相应的污染物迁移转化模型中利用该方法达到风险预测的目的。如王策（2013）[61]、李二平（2012）[62] 等针对松花江典型有机污染物，以水质分析模型（Water Quality Analysis Simulation Program，WASP）为基础研发出一套适合松花江河流特性的污染物动态多介质迁移转化模型，来模拟有机污染物在河流迁移转化过程，并将该模型应用在风险源识别和风险预警，对事故后果进行预测并发布预警级别；邵志国（2011）以费伊（Fya）模型为基础对模型进行改进，建立了适于模拟低温江河溢油风化和迁移扩展的预测模型，针对低温江河水域突发溢油污染时，油团在水面风化和迁移扩展的模拟预测，以松花江流域突发溢油污染为例，预测了不同季节油团沿江迁移扩展行为[63]。

事故后果预测模型为风险防范提供了理论依据，将污染物细化，不同的污染物适用不同的预测模型，使得模拟精度大大提高。但预测模型设计的参数较多且复杂，对预测评价人员的素质要求较高并难于掌握，模型所适用的污染物较为单一。

（4）风险矩阵法（Risk Matrix）

风险矩阵法在进行风险评价时将表横行定义为风险事故发生的可能性级别，将表纵列定义为发生事故后果的严重程度等级，并将定性的加权指数赋值在行列交汇处，所有加权指数构成一个风险矩阵且每个指数代表一个风险等级。国内外部分学者应用该模型进行风险评价，如李树清等（2010）运用Borda序值法对风险矩阵进行了改进，通过改进后的风险矩阵对风险进行排序，减少了风险结的数量。将该方法应用到烧碱装置的危险因素的识别排序及分级管理上，并依据分级结果提出安全措施[64]；Wang B等（2011）根据环境风险的多源、多途径和多敏感目标的特征，运用风险矩阵对区域环境风险进行了评价，并根据风险评价结果结合GIS技术对区域进行风险分区[65]。

该方法适用范围广泛，简单明了，但过度依赖于经验，主观性较大。

（5）模糊评价法

模糊评价法是模糊数学的一种，根据模糊数学的隶属度的原理，把定性评价转化为定量评价，对受到多种因素制约的事物或对象做出一个总体的、综合性的评价。风险评价过程中所涉及的一些资料是带有模糊性的，模糊评价法能够很好地从模糊性资料中量化出相应的数值，一直受到广大学者的青睐。例如，薛英等（2008）将模糊评价法与层次分析法相结合构建了生态风险评价体系，以塔里木干流为研究对象进行生态风险评价，并借助于GIS空间分析工具生成风险评价结果分布图，并依据结果提出相应建议[66]；Arunraj NS等（2013）运用模糊评价及蒙特卡罗模拟相结合进行了风险的不确定性分析，应用于工业安全风险评估。并将该方法应用在了一个化工厂的苯生产单元，并为风险控制提供了管理依据[67]。

模糊评价可以对模糊的对象通过精确的数字手段，将蕴藏在模糊性资料里的相关信息做出比较科学、合理、贴近实际的量化评价；评价结果可准确刻画被评价对象。但也有缺点，除了计算过程较为复杂、指标权重确定主观性较强外，还易出现超模糊现象，分辨率很差，无法区分隶属度，甚至造成评判失败。

（6）多属性决策分析

多属性决策（MADM）是多准则决策分析（MCDA）的一种，是运筹学的分支，称为有限方案多目标决策，也称之为离散的多目标决策问题[68]。AHP技术较适合应用在方案和准则具有有限连续的价值并可以综合为一个得分的情形[69]，是广泛应用在风险评价中的一种多属性决策分析方法。例如，李海凌等（2004）利用AHP将选取出来的指标体系建立递阶层次结构，利用权重的经验型赋值实现单个风险要素的重要性的排序，最后对总体风险度做出系统的评价以及风险应对方案的选择，并通过工程项目实例进行风险因素重要性排序的应用演示[70]；Yang和Ma（2010）利用层次分析法对指标进行赋值并结合综合评估方法计算综合风险指数值，并将该方法应用到上海市区，结合SPSS和GIS方法实现风险的量化及风险分区分布[71]。

AHP因其系统性及方法简单易掌握而受到广大学者的青睐，它将复杂要素重要性的判断转化为简单的权重计算。解决了传统最优化技术无法着手的实际问题，但也具有主观性强，指标过多时权重难以确定的弱点。

1.2.2.3 国内外研究存在的局限性

我国在环境风险尤其是水环境风险的评价与管理领域虽然具备了成熟的评价体系和研究方法，但研究方面仍存在不足。

（1）体现了环境风险管理者思想和逻辑的管理模式和体系不多

现有的环境风险评价及管理的对象大多数仅仅局限在风险源上，忽视了影响区域的个体容灾能力。

（2）在环境风险源评价过程中建立的指标体系分化不清

现有指标的选取将风险的现状与预估评价混为一谈，使得预估的指标占据主要地位，过度强调预估事故的严重程度，而忽视了现状评价与整治的重要性，而对于风险管理者现状才是治理的根本所在。

（3）环境风险评价中的空间分布关系不强，影响区域不细化

现有的评价单元粗略地将整个行政单位默认为一个同质单元参与评价，忽略了行政单位内部区域的个性化，并导致评价精度不高，降低了风险值在各个区块的差异性，导致行政单位主管部门在风险管理过程中对重点需要整治的区块模糊不清。

（4）环境风险评价中忽略时间要素，以静态评价为主

以往环境风险评价方法以静态的方式确定风险源发生概率和危害程度相结合的风险值，其风险源和区域之间的相互关系的空间分布没有随着时间的延续而继承，风险评价结果仅仅反应的是评价时所处的时间段的状况，而实际的风险管理却是一个动态的持续的过程。

本书针对以上研究不足提出了体现风险管理者思想的风险源 SARM 分区时空管理模式，将直接受体从区域环境中独立出来作为预测评价主体，从而确立了风险管理的三大主体对象 S、A、R，在时间上实现风险源动态管理，在空间上实现分区管制。

1.2.3 环境管理信息系统研发现状

1.2.3.1 GIS 在环境管理系统中的应用

地理信息系统（Geographic Information System，GIS）是一门综合性交叉学科，结合了地理学、测量学、地图制图学、遥感、计算机科学、拓扑学、资源管理、数据库理论、城市规划等十几门自然科学，通过计算机软硬件系统辅助支持对图形、图像、文字、表格等数据进行采集、存储、显示、描述和运算[72]。GIS 起源于 1967 年，由罗杰·汤姆林森开发，被称为加拿大地理信息系统。GIS 在 20 世纪 60 年代开始迅猛发展，被广泛用于遥感与测绘、地图制图、规划设计、空间分析、灾害预警与监测等多个领域。因为环境污染带有强烈的地理分布特征，所以环境保护和地理要素息息相关，GIS 独特的地理空间分析能力、快速的空间定位搜索和复杂的查询功能、强大的图形处理和表达、空间模拟和空间决策支持功能让其在环境科学领域崭露头角，并开展了大量科学研究。地理信息技术在环境领域中广泛应用有赖于数据资源的积累和计算机技术的迅猛发展，以及全球环境治理的需求[73,74]。网络时代日新月异，互联网技术与 WebGIS 技术的结合，大大提高了工作效率，实现了网络信息共享及环境管理网络化。自动化、科学化、定量化的环境管理将借助地理信息系统对庞大而复杂的环境空间信息进行定量分析和信息综合评价，因此地理信息系统发展前景一片光明[75]。

1.2.3.2 物联网在环境管理系统中的应用

物联网（Internet of Things，IOT）是互联网的延伸，将传感器、控制器、设备、人和物通过Internet或局域网等通信技术联系在一起，形成人与物、物与物之间信息化、智能化的网络连接。比尔·盖茨1995年在《未来之路》中最早提出了IOT的概念[76]。现阶段国内外面向环境保护的物联网技术虽已具备了良好的基础，但是总体而言还是处于发展的初级阶段。国外开展这项研究要早于国内，几个相对成功的案例包括：

① 集成了整个美国的流域数据、流域分析和水质分析的BASINS系统，由美国环保局研发，其为美国和欧洲环保机构以及污染控制部门提供一个简明的、将点源和面源统一起来的流域管理工具[77]；

② 由世界银行开发的可以基于大量的工业调查信息分析，对污染强度进行预估，预测国家、地区、城市或项目的工业污染PIPs系统[78]；

③ 由日本研发的SAPIENS环境综合分析信息系统[79]。环境保护物联网的发展在初期是通过不同类型的环境监测网络构成的，随着污染物自动监控体系的建立和不断成熟，环境保护物联网经历了环境监测网络的发展、污染源自动监控网络的建设等不同历史阶段。我国环境监测自动化进程大力推动实行是在“十一五”期间[80]，不仅完成了国家级、省级、地市级网络的建设工作，还大规模开展了污染源自动监控网络的建设，对重点污染源的废气和废水排放进行自动监控。

1.2.3.3 云计算在环境管理系统中的应用

云计算（Cloud Computing）是一种按使用量付费的模式，这种模式可以便捷地、可用地、按需地从可配置计算资源共享池中获取所需的资源（包括网络、服务器、存储、应用软件、服务），资源能够快速供应并释放，使管理资源的工作量和与服务提供商的交互减小到最低限度[81]。这种说法是由美国国家标准与技术研究院提出，目前被多数学者认可。云计算及其应用近年来表现出迅速增长的趋势，工业界和学术界的带动是一部分原因[82]，同时将某些领域使用的技术和实验性质较强的技术有机地结合起来，使其被广泛高效地应用也占部分原因。我国近年来环境破坏情况依然严峻，虽然通过不断提出解决方案，将环境保护放在重要的战略位置，并坚持走可持续发展战略，取得了一定成效[83]，但是由于不完善的监管制度、水平较低的污染防治、布局不合理的产业结构等因素，形势还是不容乐观。我国将秉承着深入贯彻落实科学发展观，加快推动经济发展方式转变，提高生态文明建设水平的“十二五”精神，开展重大信息化工程的建设工作，提高环境保护工作的信息化水平，实现“信息强环保”的战略目标，为实现“数字环保”奠定良好的基础。因此，云计算成为当下解决环保信息化系统日益庞大、信息资源分配不均、共享率低、无法承担大负载应用、建设成本与管理成本高、扩展能力较差等一系列问题的有效途径[84]。

1.2.3.4 大数据在环境管理系统中的应用

大数据（Big data）是指需要新处理模式才能具有的更强的决策力、洞察发现力和流程优化能力的海量、高增长率和多样化的信息资产。从人类 2013 年进入大数据时代开始，它便以海量数据存储、查询分析多样、运行处理迅速等优于传统数据的特点改变着世界[85]。在大数据的不断发展过程中，其与环境保护、生态文明建设的关系受到了人们的关注，尤其是使管理层认识到了数据是资产，收集和分析数据是提升管理能力的重要手段。大数据主要分为大数据思维和大数据技术两种方式应用在环境管理中[86]。大数据在环境风险源管理中的价值由在事前防范、事中响应和事后救援与恢复中应用的程度不同来区别[87]。大数据的价值不仅体现在提高应急管理效率、节省成本和减少损失，还依据多种技术的协同来体现。未来我国将重点部署探索大数据在国家战略、开放政策及应急管理中的应用。

1.3 研究内容及技术路线

1.3.1 本书研究内容

本书系统总结国内外环境风险评价与管理的相关研究，针对上述研究存在的不足并结合我国化工企业环境风险管理现状，构建较为普适的、满足管理者需求的水污染环境风险管理模式，依据模式构建评价体系搭建环境风险管理平台，其主要内容包括以下 4 个方面。

（1）提出体现管理者思想和需求的流域水污染事故环境风险管理模式

明确水环境风险参与主体，依据管理需求将主体细化，明确管理对象便于日常管理，从而理清监管权责和监管任务。对区域进行风险的分区管制，明确风险的空间分布，便于各个行政单位的管理与上一级行政单位的监管的权责明确；依据动态管理需求，使得风险管理主体之间的相互关系的空间分布随着时间的延续而得到继承。

（2）流域水污染事故环境风险分区评价指标体系与方法的构建

依据流域水污染事故环境风险管理模式、风险现状评价和预测评价相分离的原则，建立三方管理主体表现形式相对应的风险评价模式。每个主体对应一套系统、全面、科学及合理的评价指标体系。将评价区域进行分区划分，各项指标细化到划分的评价单元。选取恰当合理的评价方法将各类主体的评价样本点依据参数进行类别的划分，并确定类别等级。根据类别及类别等级结果，提出针对各项类别自身特性的环境风险管理和防范措施。最后根据三方主体各自的评价结果，构建恰当的区域风险综合评价模型得到风险动态分区分布、风险峰值分区分布及区域风险影响总值。依照各方主体综合风险评价结果，结合各自主体评价样本点的类别，综合分析风险管理措施。

（3）流域水污染事故环境风险管理平台的设计与开发

为实现风险的时空化评价与管理，需要利用一定的信息化技术和手段将风险管理模式、风险评价体系和方法、风险源及区域基础信息和监管信息等数据集成，耦合在一个有效的管理平台中，实现评价过程的计算机化、管理主体的动态呈现、大数据快速有效的分析与调用、风险的空间分布可视化。既满足了随时间推移评价指标参数发生变化其评价结果也发生变化的自动化动态评价，又可将环境风险的空间数据及评价结果在平台中可视化表达，极大地方便环保部门的管理。

（4）实例研究

以松花江流域哈尔滨段为技术实例与示范对象，将上述方法应用到哈尔滨市环境风险评价和管理中来，针对解决制约哈尔滨市社会经济发展的水环境污染瓶颈问题，重点突破哈尔滨市风险源及区域的现状整治，有效提高哈尔滨市环境污染风险防控和风险管理技术水平，为政府管理部门提供关键技术和决策支持。

1.3.2 本书技术路线

依据本书研究内容的设定以及研究方法的选择，构造出本书技术路线如图 1-1 所示。

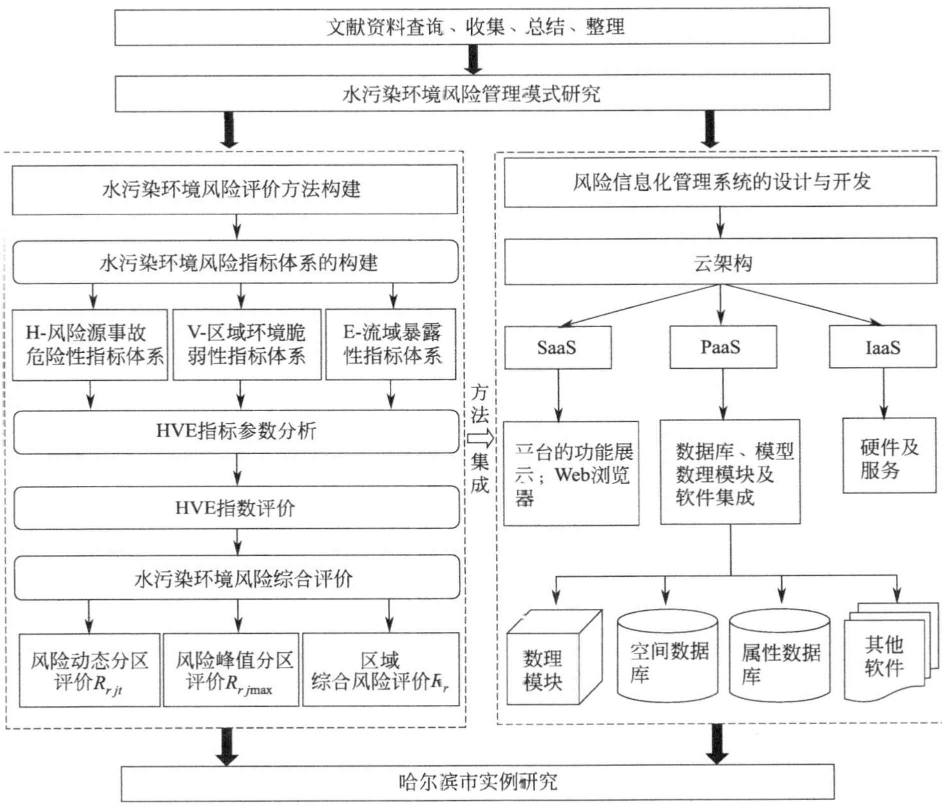

图 1-1 本书技术路线

参考文献

[1] 菅小东, 周红, 温文等．化学品立法与环境保护[J]. 环境科学研究, 2007, (1):123-128.

[2] He G, Zhang L, Mol APJ, et al. Why small and medium chemical companies continue to pose severe environmental risks

in rural china [J]. Environmental Pollution, 2014, 185(0):158-167.

[3] Li Y, Ping H, Ma Z H, et al. Statistical analysis of sudden chemical leakage accidents reported in china between 2006 and 2011 [J]. Environmental Science and Pollution Research, 2014, 21(8):5547-5553.

[4] USNRC(U. S. National Research Council). Science and judgment in risk assessment[M]. Washington D. C. ,:National Acdemy Press,1994.

[5] 钟政林, 曾光明, 杨春平 . 环境风险评价研究进展 [J]. 环境科学进展, 1996,(06):18-22.

[6] 胡二邦 . 环境风险评价实用技术、方法和案例 [M]. 北京：中国环境科学出版社, 2009.

[7] 马国栋 . 下辽河平原环境风险评价及其空间关联格局研究[D]. 沈阳:辽宁师范大学, 2014.

[8] 刘永淇 . 环境风险评价在决策中的应用：方法与案例[D]. 厦门:厦门大学, 2014.

[9] Hunsaker C, Graham R, Suter G, II, et al. Assessing ecological risk on a regional scale [J]. Environmental Management, 1990, 14(3):325-332.

[10] Gai Wm, Du Y, Deng Yf. Evacuation risk assessment of regional evacuation for major accidents and its application in emergency planning: A case study [J]. Safety Science, 2018, 106:203-218.

[11] Wayne GL, Janice KW. Introduction to the regional risk assessment using the relative risk model [M]. Regional scale ecological risk assessment. CRC Press, 2004:11-35.

[12] B. C. Ministry of Environment, Lands and Parks. Environmental risk assessment : An approach for assessing and reporting environmental conditions. Technical bulletin Victoria, B. C. : Habitat Branch. MELP. [Z] , 2000.

[13] Wang F, Gao Y, Dong W, et al. Segmented pinch analysis for environmental risk management [J]. Resources, Conservation and Recycling, 2017, 122:353-361.

[14] Washington, DC: Science Policy Council,U. S. Environmental Protection Agency. U. S. Environmental protection agency. Risk characterization handbook,EPA100-B-00-002[S]. 2000.

[15] Fairman R. , Mead C. D. , Williams W. P. Environmental risk assessment - approaches experiences and information sources [M]. London: European Environment Agency, 1999.

[16] 陆雍森 . 环境评价 [M]. 上海:同济大学出版社, 1999.

[17] 张从 . 环境评价教程 [M]. 北京:中国环境科学出版社, 2002.

[18] Karelitz S. The significance of the conditions of exposure in the study of measles prophylaxis: An added criterion in the evaluation of measles prophylactic agents [J]. The Journal of Pediatrics, 1938, 13(2):195-207.

[19] 米莎 . 区域环境风险评价方法研究[D]. 西安:西北大学, 2013.

[20] D P. The risk assessment of environmental and human health hazard: A text book of case studies. [M]. New York: John Wiley & Sons 1989.

[21] Communities of the European Communities. Council Directive 67/548/EEC. On the approximation of the laws, regulations and administrative provisions relating to the classification, packaging and labeling of dangerous substances OJ L96. [Z], 1967.

[22] 陈郁 . 化工园区规划环境风险评价方法与风险管理研究[D]. 大连:大连理工大学, 2013.

[23] USNRC(U. S. National Research Council). Risk assessment in the federal government:Managing the process[Z]. 1983.

[24] World. Bank. Guidelines for identifying, analyzing and controlling major hazard installations in developing countries. Washington, DC: office of Environmental and Scientific Affairs[Z], 1985.

[25] World Bank. Manual of industrial hazard assessment techniques. Washington DC: Office of Environmental and Scientific Affairs[Z], 1985.

[26] 苏红 . 辽宁省排山楼金矿环境风险评价研究[D]. 阜新:辽宁工程技术大学, 2007.

[27] P. H. Risk assessment and risk management for accidents connected with industrial activities [M]. Paris: Organisation for Economic Co-operation and Development, 1987.

[28] Programme UNE. Apell-awareness and preparedness for emergencies at local level : A process for responding to technological accidents. Paris: United Nations Environment Programme, 1988.

[29] 钟政林, 曾光明, 杨春平．环境风险评价研究综述 [J]. 环境与开发, 1998,(01):41-43,48.

[30] Agostini P, Pizzol L, Critto A, et al. Regional risk assessment for contaminated sites part 3: Spatial decision support system [J]. Environment International, 2012, 48(0):121-132.

[31] Wang H, Yan Z-g, Li H, et al. Progress of environmental management and risk assessment of industrial chemicals in china [J]. Environmental Pollution, 2012, 165(0):174-181.

[32] USEPA(U. S. Environmental Protection Agency). Guidelines for exposure assessment[Z]. 1992.

[33] Commission of the European Communities. Council Directive 92/32/EEC of 30 April 1992 Amending for the 7th Time Directive 67/548/EEC on the Approximation of the Laws, Regulations and Administrative Provisions Relating to the Classification, Packaging and Labelling of Dangerous Substances OJ l154/1[Z]. 1992.

[34] EC,European Commission. Regulation (EC) No. 1907/2006 of the European Parliament and of the Council of 18 December 2006 Concerning the Registration, Evaluation Authorization and Restriction of Chemicals (REACH), Establishing a European Chemicals Agency, Amending Directive 1999/45/EC and Repealing Council Regulation (EEC) 793/93 and Commission Regulation(EC) No. 1488/94 Well as Council Directive 76/769/EEC and Commission Directives 91/155/EEC, 93/67/EEC, 3/105/EC 2000/21/EC. Off J Eur Union. L 396 of 30[Z]. 12. 2006.

[35] Christensen FM, Eisenreich SJ, Rasmussen K, et al. European experience in chemicals management: Integrating science into policy† [J]. Environmental Science & Technology, 2010, 45(1):80-89.

[36] UUKDOE(U. K. Department of the Environment). A guide to risk assssment and risk management for enviroiiinental protection. Her Majestry's Stationery Office, London, UK[Z], 1995.

[37] METI, MHLW and MoE. the Ministry of Health, Labour and Welfare(MHLW)and the Ministry of the Environment(MoE) [C]. Outline of the 2003 Partial Amendment to the CSCL. ,2003.

[38] Toda E The management of industrial chemicals in japan. In: Van leeuwen, c. J. , vermeire, t. G. (eds.), risk assessment of chemicals, an introduction, second ed. [M]. Springer, Dordrecht, Netherland, 2007.

[39] Chartres N, Bero LA, Norris SL. A review of methods used for hazard identification and risk assessment of environmental hazards [J]. Environment International, 2019, 123:231-239.

[40] 曹洪法, 沈英娃．生态风险评价研究概述 [J]. 环境化学, 1991,(03):26-30.

[41] 殷浩文．水环境生态风险评价程序 [J]. 上海环境科学, 1995,(11):11-14.

[42] 吴侃侃．海岸带区域战略决策的环境风险评价研究[D]. 厦门:厦门大学, 2012.

[43] 苏航．化工企业环境风险评价与突发环境事件应急预案研究[D]. 杭州:浙江大学, 2014.

[44] 雷炳莉, 黄圣彪, 王子健．生态风险评价理论和方法 [J]. 化学进展, 2009,(Z1):350-358.

[45] 付在毅, 许学工, 林辉平等．辽河三角洲湿地区域生态风险评价 [J]. 生态学报, 2001,(03):365-373.

[46] 卢宏玮, 曾光明, 谢更新等．洞庭湖流域区域生态风险评价 [J]. 生态学报, 2003, (12):2520-2530.

[47] 杨永德, 苏振, 白丽明．漓江风景区生态风险评价初探 [J]. 学术论坛, 2007,(01):106,109,155.

[48] 任鲁川．区域自然灾害风险分析研究进展 [J]. 地球科学进展, 1999,(03):31-35.

[49] 孟宪林, 周定, 黄君礼．环境风险评价的实践与发展 [J]. 四川环境, 2001,(03):1-4.

[50] 曾光明, 卓利, 钟政林等．水环境健康风险评价模型及其应用 [J]. 水电能源科学, 1997,(04):29-34.

[51] 张应华, 刘志全, 李广贺等．基于不确定性分析的健康环境风险评价 [J]. 环境科学, 2007,(07):1409-1415.

[52] 崔健, 张秋丰, 屠建波等 天津海域海上化学品事故环境风险评估 [J]. 环境污染与防治, 2015, 37(09):110.

[53] 杨蕾, 马宗伟, 毕军 . 比较风险评价在环境风险管理中的应用 [J]. 中国环境管理, 2019, 11(03):94-99.

[54] 殷学林, 黄崇珍 . 主观评分法在中海油 JU2000-1 项目风险评估中的应用 [J]. 信息技术, 2005,(12):57-59.

[55] Sorvari J, Seppälä J. A decision support tool to prioritize risk management options for contaminated sites [J]. Science of The Total Environment, 2010, 408(8):1786-1799.

[56] Topuz E, Talinli I, Aydin E. Integration of environmental and human health risk assessment for industries using hazardous materials: A quantitative multi criteria approach for environmental decision makers [J]. Environment International, 2011, 37(2):393-403.

[57] Grech A, Coles R, Marsh H. A broad-scale assessment of the risk to coastal seagrasses from cumulative threats [J]. Marine Policy, 2011, 35(5):560-567.

[58] 刘杨华 . 基于安全理论的突发性水污染事故环境风险源识别研究[D]. 哈尔滨:哈尔滨工业大学, 2011.

[59] 王玉娥, 赵更新, 郭建彪 . 油库静电火灾爆炸故障树分析 [J]. 河南科技, 2013,(07):192-193,253.

[60] Lavasani SM, Zendegani A, Celik M. An extension to fuzzy fault tree analysis (ffta) application in petrochemical process industry [J]. Process Safety and Environmental Protection, 2015, 93(0):75-88.

[61] 王策 . 松花江典型有机污染物动态数值模型构建与模拟[D]. 哈尔滨:哈尔滨工业大学, 2013.

[62] 李二平 . 跨界突发性水污染事故预警系统研究与应用[D]. 哈尔滨:哈尔滨工业大学, 2012.

[63] 邵志国 . 寒冷地区江河溢油污染团风化迁移规律与时空分布研究[D]. 哈尔滨:哈尔滨工业大学, 2011.

[64] 李树清, 颜智, 段瑜 . 风险矩阵法在危险有害因素分级中的应用 [J]. 中国安全科学学报, 2010,(04):83-87.

[65] Wang B, Cheng H. Regional environmental risk assessment and zoning based on matrix method. Multimedia Technology (ICMT), 2011 International Conference on, 2011:1644-1647.

[66] 薛英, 王让会, 张慧芝等 . 塔里木河干流生态风险评价 [J]. 干旱区研究, 2008,(04):562-567.

[67] Arunraj NS, Mandal S, Maiti J. Modeling uncertainty in risk assessment: An integrated approach with fuzzy set theory and monte carlo simulation [J]. Accident Analysis & Prevention, 2013, 55(0):242-255.

[68] Aouam T, Chang SI, Lee ES. Fuzzy madm: An outranking method [J]. European Journal of Operational Research, 2003, 145(2):317-328.

[69] 熊文涛 . 几种多属性决策方法的研究[D]. 西安:西安电子科技大学, 2005.

[70] 李海凌, 宋吉荣 . 层次分析法在工程项目风险评价中的应用研究 [J]. 四川建筑, 2004,(01):87-88,90.

[71] Yang Y, Ma J W. Study on risk zoning technology of major environmental risk sources in urban scale and its application in shanghai, china [J]. Procedia Environmental Sciences, 2010, 2(0):1050-1062.

[72] Johnston K, Ver Hoef JM, Krivoruchko K, et al. Using arcgis geostatistical analyst [M]. Esri Redlands, 2001.

[73] Matějíček L, Engst P, Jaňour Z. A gis-based approach to spatio-temporal analysis of environmental pollution in urban areas: A case study of prague's environment extended by lidar data [J]. Ecological Modelling, 2006, 199(3):261-277.

[74] Zhou F, Guo H-c, Liu Y, et al. Identification and spatial patterns of coastal water pollution sources based on gis and chemometric approach [J]. Journal of Environmental Sciences, 2007, 19(7):805-810.

[75] Arnous MO, Green DR. Gis and remote sensing as tools for conducting geo-hazards risk assessment along gulf of aqaba coastal zone, egypt [J]. Journal of Coastal Conservation, 2011, 15(4):457-475.

[76] Xiaoying S, Huanyan Q. Design of wetland monitoring system based on the internet of things [J]. Procedia Environmental Sciences, 2011, 10, Part B(0):1046-1051.

[77] Scheck-Wenderoth M, Cacace M, Maystrenko YP, et al. Models of heat transport in the central european basin system: Effective mechanisms at different scales [J]. Marine and Petroleum Geology, 2014, 55(0):315-331.

[78] 邢锋．物联网在环境保护工作中的应用初探．华北五省市环境科学学会第十七届年会[C]. 中国山西太原, 2011:3.

[79] 王晓东, 李妍, 孟金等．物联网在环境保护工作中的应用及研究进展 [J]. 物联网技术, 2012,(06):75-76.

[80] 张宏伟．物联网在环境监测和保护中的应用研究 [J]. 物联网技术, 2011,(06):73-76.

[81] Markovic DS, Zivkovic D, Branovic I, et al. Smart power grid and cloud computing [J]. Renewable and Sustainable Energy Reviews, 2013, 24(0):566-577.

[82] Marinescu DC. Chapter 4 - cloud computing: Applications and paradigms[M]. Marinescu DC (ed). Cloud computing. Boston: Morgan Kaufmann, 2013:99-130.

[83] 李炳培．计算机技术在环境科学中的应用 [J]. 生物技术世界, 2015,(01):14.

[84] 胡昊, 朱琦, 尚屹等．云计算在环境保护行业的应用 [J]. 计算机系统应用, 2013, (10):39-44.

[85] 马奔, 毛庆铎．大数据在应急管理中的应用 [J]. 中国行政管理, 2015,(03):136-141,151.

[86] 王自严．数据挖掘技术在环境信息管理中的应用[D]. 天津:河北工业大学, 2004.

[87] 冯吉平, 陈微, 官涤等．大数据技术在松辽流域水环境管理中的应用展望 [J]. 水利发展研究, 2014,(09): 63-65,71.

第 2 章

流域水污染环境风险管理模式

2.1
引言

流域水污染风险源管理是一个全球性的疑难问题，它与工业生产各个环节都息息相关。生产设备的操作、员工的安全培训、工业废物的排放与处理，事故的处理不当、区域自身特性等都对区域的环境造成极大的危害。因此，流域水污染风险管理是一个较为复杂的决策过程，其涉及主体多、包含维度广、蕴含指标属性大、结构综合且复杂。风险管理的特点决定着在考虑风险的各个层面时要综合全面，不仅要考虑污染事故的触发因子、危害受体容灾能力及损失状况、孕育事故的环境及所在区域的应急响应能力等多方面因素，还要考虑各个因素之间的关系和相互影响的途径，这就造成了对一个区域做出合理的流域水污染风险评价和决策是相当困难的。而以往的风险评价与管理具有局限性不能够满足风险管理者的需求，系统性较弱。

本章在总结现有环境风险评价与管理不足的基础上，依据“一突破一理论一原则”的规则，突破现有环境风险评价与管理的局限性，以卢曼的风险系统理论为指导，坚持现状评价整治与事故预测评估防范相独立的原则提出符合环境管理者需求的风险管理模式，并以此为纲领建立相应的评价方法体系及管理平台。

2.2
风险管理模式提出的理论依据

风险管理模式提出的理论依据为卢曼的风险系统理论。

风险在社会发展过程中是无处不在的，传统的风险主要指洪涝、冰冻、干旱、台风等自然灾害，其发展的根源与人的决策是无联系的。随着社会的发展，人类活动作用于自然的力量越来越大，传统的风险已经不再是危害人类的主要因素，风险的内涵和外延有所扩大，形成了现代风险理论。现代风险不是外在产生的风险而是社会内在的风险，是一种选择和决策，存在与每个人的生活中，与人类活动息息相关[1]。社会就是一个充满风险的系统。

风险系统理论研究是以尼可拉斯·卢曼的社会系统理论为基础而进行的，卢曼认为社会系统的本质是对社会中不同部分和不同的状态下关系网络、组成因素、运作程序复杂性的一种表达和处理[2]。在卢曼看来社会本身就是一个风险系统，复杂性为其主要特点。"安全"是人们处于这个庞杂的系统中所追求的终极目标，但如果安全是指一种损失在未来发生的可能性的话，那么人类所追求的"安全"是不存在的[3]。风险系统理论将风险与决策紧密结合，注重的是如何根据决策来观察自身及事件的归因实体，即决策是如何将事件归因实体的或实体是如何摆脱这种责任归咎的[4]。每一个决策都不只有唯一的选项而是多种可能性，即在系统理论中所有决策都是偶发的，也都是有风险的[5]。在社会中偶发现象越来越多，风险越来越多，即社会本身就是一个风险系统。风险的观察要立足三个维度，即事实维度、时间维度及社会维度。其中，事实维度主要指风险的复杂性与决策归因，在风险系统中复杂性主要体现在"偶发性"上；时间维度指的是风险的未来指向，即任何一个决策后果都有可能在未来发生；社会维度关注的是谁是风险的制造者？谁是风险的波及者？制造者与波及者之间的视角分歧[3]。

2.3 流域水污染环境风险系统框架构建

流域水环境是社会的子系统，也是社会风险系统的一部分。以卢曼风险系统理论为指导提出流域水污染事故环境风险系统框架。

2.3.1 流域水污染风险系统的参与主体

风险系统理论的社会维度关注两个方面，即谁是风险的制造者？谁是风险的波及者？这两方面界定了风险系统的参与主体。在环境污染风险系统中涉及的风险参与主体主要包含两个实体：一是谁是环境污染风险的制造者？即环境风险源；二是谁是环境污染风险的波及者？即环境风险的影响区域及受体。

2.3.1.1 风险源主体

流域水环境风险源主要指的是化学性危险物质，包括易燃易爆性物质、有毒物质、腐蚀性物质及其他化学性危险物质。风险源可分为移动源和固定源。

① 移动源。主要指由于交通意外事件引发的有毒有害危险物质泄漏、溢油等，如渤海油货轮相撞导致原油泄漏事件。

② 固定源。主要是指工业企业由于工艺设备故障，人为操作不当或外在环境压力等因子引发的有毒有害危险物质泄漏，如印度博帕尔事件等。

风险源是风险系统的主动方，也称为施压方主体，它是向环境产生污染压力的源头，也是风险源头整治的对象。风险源一旦发生事故就会成为污染源，对周围的环境产生影响和危害。

2.3.1.2 影响区域及受体主体

影响区域即环境污染事故所影响的区域范围，包含区域范围内风险的直接受体和间接受体两类。直接受体指的是污染物直接作用的实体，例如流域水污染事故中的直接受体为水体。间接受体指通过直接受体为介质通过一系列的损害途径的所到达的影响实体，包括事故影响区域的人口、生态、经济及生物等。

进入流域水环境中的污染物以不同的途径和作用方式与环境系统中的各组分进行接触和交互暴露，并通过食物链作用于环境系统，产生不同层次的毒害过程。区域内污染物暴露图解包括：a. 明确污染源；b. 主要的污染物排放机制；c. 污染物主要的迁移路径；d. 污染物主要的暴露途径和受到污染物危害的受体。污染物进入环境中主要通过浸出、挥发或风力运输和迁移至地表水等途径到达污染受体。区域中有害物质的承载体包括地表水、地下水、空气、人体等。流域水污染事故直接的受体为水体，间接受体包括人体、经济及其他生态要素。

本书研究的重点放在地表水污染，水源地是地表水中的重要组分，承担着人类饮水的重要责任，将水源地从地表水中独立出来作为一项污染受体进行评价。18 岁以下及 60 岁以上的人口为脆弱性人口，易受到事故的危害，本书将脆弱性人口从人体要素中独立出来单独作为一项污染受体进行评价。本书涉及的除水体以外的其他生态要素包括土地、森林、生物及自然保护区。区域风险评价暴露图解见图 2-1。

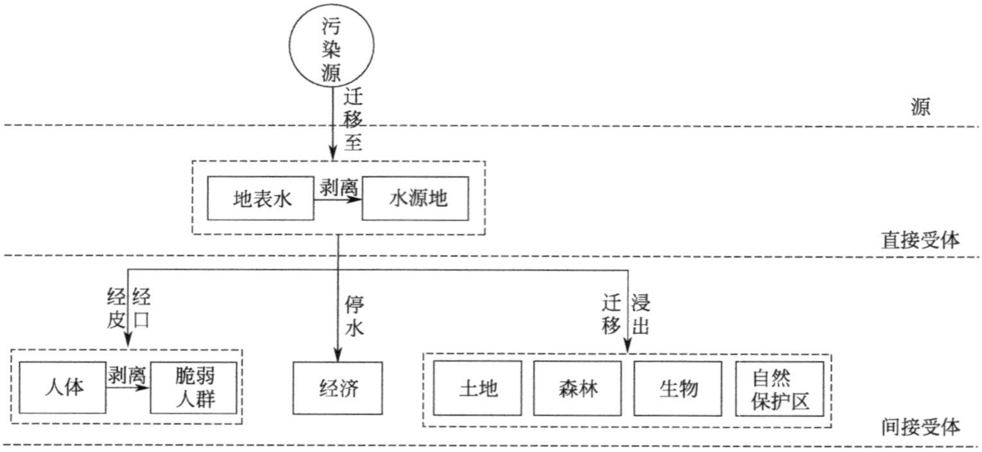

图 2-1 区域风险评价暴露图解

2.3.2 流域水污染风险系统主体的表现形式

风险系统理论另外两个维度——事实维度和时间维度体现风险参与主体的表现形式。

风险系统理论的事实维度关注的是风险的复杂性。环境污染风险的复杂性体现在以下几个方面。

① 事故触发因子的复杂性。主要表现在环境风险的"偶发性"，这种偶发性与风险系统中的参与主体的特性、活动和决策息息相关，如企业工业设备故障触发事故、人员操作不当触发事故、自然灾害触发事故等。

② 事故影响因子的复杂性。环境风险事故一旦发生，影响范围广、影响受体多样、影响途径繁杂。事故的发生影响范围不仅仅局限于风险源所在及周边区域，污染物会随着传播介质以多样化的迁移转化途径影响着不同的受体，其介质、受体、途径之间相互转化、相互影响造成了事故影响因子的复杂性。

③ 影响程度的复杂性。影响环境风险事故程度的因素有很多，危险物质的属性、企业内在工艺与管理水平、区域的社会经济生态结构、地区的应急防范能力都是事故危害程度的影响因素，且各因素之间相互影响。

风险系统理论的时间维度关注风险在未来发生的可能性。在环境污染风险系统中这种未来发生的可能性表现在以下两个方面。

① 环境污染事故风险在未来发生损害的可能性，在社会中任何一个有关环境的决策都不是绝对安全的，环境污染事故都有可能在未来发生损害，这种损害性在当下只能靠预测评估的方法进行模拟，为风险防范提供基础。

② 环境污染事故风险随着时间的推移而发生变化，这种变化包括危险物质性质的变化、储量的变化、人员素质的变化、企业工艺水平的变化、区域社会经济生态结构的变化、地区防范水平的变化等，这些变化都影响着未来风险发生的可能性的变化及损害性的变化。这种变化只有靠动态的环境风险评价与管理机制才能最大限度地把握这种变化趋势。

2.4
SARM 分区时空管理模式提出

本书在突破现有环境风险评价与管理不足的基础上，以现状评价整治与事故预测评估防范相独立的原则，依据流域水污染环境风险系统框架，立足于环境风险管理者的角度提出了 SARM（Sources，Areas and Receptors Managment）分区时空管理模式。

2.4.1 SAR 的界定

环境风险的危害程度不仅仅受到风险源自身属性的影响，污染区域的脆弱性及受体的暴露程度也是其主要的制约条件。以往对风险系统的研究只关注风险发生为危险的可能性和受体的易损性，其中受体的易损性将时间维度和社会维度混为一类，即将风险后果在未来发生的程度及波及者脆弱程度综合为受体的易损性进行风险的评价和管理。风险源管理较污染源管理有其特殊性，那就是风险的发生有不确定性。在日常的风险管理中我们只能通过两个方面的手段来降低事故带来的损失：

一是对风险源现状进行评价，根据结果降低风险源发生事故的危险程度；二是对区域环境的脆弱程度进行现状评价，根据结果提高区域承受风险的能力。而在现实的风险管理中能够在日常防控的只有降低风险发生的可能性及提高影响区域的容灾能力，而时间维度上事故在未来发生的程度，即污染的暴露程度是根据现有的风险源及区域现状和特性相结合而通过模型模拟预测出来的程度，并不是实际发生的，是一项预测评价。但暴露性却是在风险管理中不可缺少的一部分，它是判定现有的风险源防控、区域环境治理及应急处理能力等是否合理的重要依据。

本书根据流域水污染事故环境风险系统框架，立足于风险源发生环境污染事故风险的不确定性、事故波及区域的脆弱程度、未来产生后果的预测及其后果在时空上的继承变化三个维度，坚持“一评价一主体”的原则，将直接受体从风险影响区域中独立出来成为风险暴露性预测评价的主体，单独预测评价其污染物在水体中的暴露程度。因此，本书中将环境风险管理的主体对象界定为风险源（Sources）、影响区域（Areas）及直接受体（Receptors）三类。在风险评价中分别由危险性（Hazard）、脆弱性（Vulnerability）和暴露性（Exposure）表示，其中前两项为现状评价，后一项为预测评价。

流域水污染事故风险评价主体及其表现形式如图 2-2 所示。

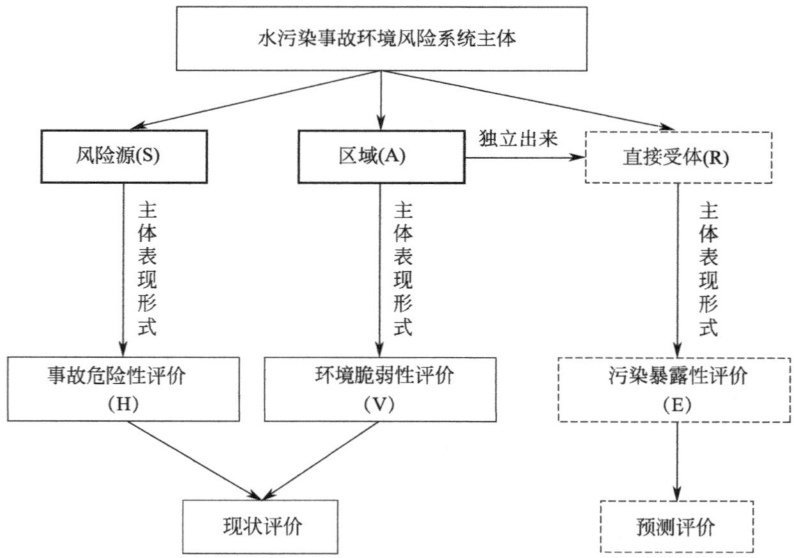

图 2-2　流域水污染事故风险评价主体及其表现形式

因此，本书针对传统的环境风险评价在时间维度和社会维度方面的研究不足，依据环境风险管理的风险源、影响区域及风险受体三类主体对象，提出了区域环境风险 SAR 三方评价主体模式。对于风险源、受体及区域之间的关系，本书将区域环境风险“由点及面、由面至点，点面相结合”的方式进行评价和管理，以更全面地支持决策。该管理模式具体介绍如下。

2.4.1.1 S-H 现状评价

（1）S 评价主体

环境风险源（Sources，S）是对环境造成污染的施加者，是环境风险评价的主体对象之一。从有可能产生水污染事故的风险源进行识别与判定可以明确风险源发生水污染事故的可能性、危险性强度规模。风险源发生水污染事故的可能性是当自然环境或人类活动中触发事故发生的某种异常现象达到释放的边界值时，水污染事故就有可能发生（如洪水、地震等地质灾害或人类在生产过程中的过失发生促使了风险源向外界环境释放的边界值）。而危险性强度是由异常现象的变化程度来界定的，变化程度越大危险强度可能就越高；反之，变化程度越小危险强度就有可能低（如危险物质储量的变化程度）。风险源在水环境风险系统中的表现形式为风险源的事故危险性来描述，是危险性评价的主体对象，表达了其对风险源产生水污染事故风险的可能性及危险强度规模。

（2）H 评价形式

事故危险性（Hazard，H）是指由潜在的或趋势性的自然灾害或人类活动引起的，可能导致生命财产损失或伤害、生态环境退化以及社会和经济不稳定的危险程度。本书指的是水污染事故的危险性由水污染事故发生的可能性，即异常现象变化的程度和风险的防控能力两方面进行描述。风险源的危险性受到风险源本身特性、风险源预先防控等方面的影响。危险指数可以用以下公式描述：

$$H=f(H_p,H_c) \tag{2-1}$$

式中 H——危险性指数，描述了风险源危险性的程度；

H_p——风险源自身特性危险度，由危险物毒理特性、物质活跃性、物质储量、自然灾害触发等要素描述；

H_c——风险源预防控制危险度，由设备工艺、安全管理体系、员工素质等要素描述。

2.4.1.2 A-V 现状评价

(1) A 评价主体

选定的研究区域（Areas，A）指的是风险评价所囊括的区域，是环境风险评价主体之一。水污染事故在不同的区域发生会因地域容灾能力的不同，其危害损失程度也不同。区域容灾能力越强，则风险源超越事故发生边界值的可能性就越小，造成的风险危害规模也很小。

因此，风险源对区域的影响是非线性的，也是本书应用非线性方法进行风险评价的依据。风险源对风险影响区域的作用是复杂多变的，区域本身也是多样化的，容灾能力不同类型的区域呈现出不同的能力大小，如何衡量影响区域对水污染事故的容灾能力，国际上广泛的采用脆弱性进行描述[6,7]，本书利用脆弱性分析来评定区域风险承载能力。

(2) V 评价形式

环境脆弱性（Vulnerability，V）这一概念起源于对自然灾害的研究。污染脆弱性这一概念最早及主要的方法应用在地下水方面，并且脆弱性不依赖于污染物性质而取决于受体自身的特征[8]；不同的受体条件会产生不同程度的脆弱性。脆弱性评价现广泛应用在社会和环境领域，环境污染、环境保护、自然灾害及气候变化对人体健康和生态环境的影响等方面。

区域脆弱性评价程序是在美国环境保护署发展起来的，为决策者、环境管理者及市民在人体及生态受体脆弱性评价提供了综合性的框架。此程序对脆弱性做了详细的解释，指出脆弱性指受到不利因素恶化的影响或损害的状态[9]，在特定的时间和空间尺度下，以自然灾害或人类活动为触发因子，对外界环境所产生的敏感性反应及由于区域缺乏适应能力而使得环境结构及属性发生改变的程度[10]。是环境的固有属性在干扰作用下的表现，是自然属性和人类活动共同作用的结果。

脆弱性受到风险影响区域对污染物的敏感性和适应性两个方面的影响[11]。其风险影响区域的脆弱性指数由以下公式进行描述：

$$V=f(V_p, V_c) \tag{2-2}$$

式中 V——风险影响区域脆弱性指数；

V_p——影响区域对污染物的敏感性；

V_c——区域的自适应性由区域的环境保护能力、区域应急计划、应急输入能力等要素来描述。

2.4.1.3 R-E 预测评价

(1) R 评价主体

直接受体（Receptors，R）指受到风险源污染的直接受体，本书主要研究流域水环境风险，因此直接受体指的是河流，即事故影响范围内所包含的所有河段。它是预测事故暴露性的主体对象。

(2) E 评价形式

风险受体暴露性（Exposure，E）是根据风险源及区域现状为基础而做出的一项预测性评价，是在假设事故发生的前提下对河流的污染物浓度所产生的暴露强度的一项评价，是检验现有风险源安全管理及区域应急措施是否合理的一项重要指标。暴露性受到风险源对受体本身产生的暴露计量、暴露程度、毒性效应等方面的影响。暴露性指数可以用以下数学公式进行描述：

$$E=f(E_p) \tag{2-3}$$

式中 E——暴露性指数，描述了水体污染物浓度的暴露性程度；

E_p——风险源对直接受体产生的本身的暴露计量，由暴露程度、毒性效应等要素描述，是根据风险源及区域特性和现状预测评价出来的。

2.4.2 分区的界定

传统的风险管理评价中对于影响区域指标的界定是以整个行政单位为一个整体，统一作为暴露区域参与风险评价，这种评价管理模式由于两个原因导致评价精度不高：一是行政单位面积过大时离河流较远的且几乎不受到河流污染影响的部分区域也强行参与风险评价，导致风险评价值过大；二是受到行政单位空间分布不均的影响，一个行政单位内的各个区块之间的人口、经济、生物、土地等特性具有空间差异性，将其混为一个同质性的区域进行评价，降低了风险值在各个区块的差异性，导致行政单位主管部门在风险管理过程中对重点需要整治的区块模糊不清。因此，按照一定原则将区域进行分区评价与管理是环境风险管理的重要基础[12]。

本书立足于“化整为零，合零为整”的逻辑思维进行风险评价。风险评价前依据划分原则将区域划分若干单元进行评价，指标细化在每个评价单元，最后再将评价结果综合到各自所在的行政区划单位，既满足了评价的精度需求又方便行政单位部门对本辖区内重点风险区域进行加强化管理，即风险分区管制。

2.4.3 时空的界定

传统的风险评价方法是以静态的方式整体评价风险源发生概率和危害程度的风险值，其风险源、受体和区域三者之间相互关系的空间分布没有随着时间的延续而继承[13,14]。所谓时空分为时间和空间两部分，指的是时间变化和空间分布。水污染事故风险评价时空管理模式即依据在区域尺度下水环境风险源、区域与受体之间相互关系随着时间的变化在空间上的分布状况，从而对风险进行评价和决策的管理模式。随着时间的推移 Sources、Areas 和 Receptors 某一个或多个属性发生变化，这种危害、脆弱和暴露性的空间分布关系也随之发生变化。例如，某化工厂储存的危险物质储量发生变化，随之相关的危险性和暴露性指标也会随之变化。

本书将风险源以时空化模式进行管理，将风险企业上报数据、危险物监测数据、环保部门的安全监察数据、区域环境监测数据等实时上报，实时评价，实时掌握风险源动态，及时调整风险管理措施。风险源时空化管理会产生大数据的收集及运算，需要将所有信息及评价体系耦合开发风险源大数据管理平台，借助于平台实现评价过程的计算机化，能够快速有效地获得风险源实时评价结果。

在 SARM 分区时空管理模式中，对应的评价体系为 HVE，管理模式与评价体系为相互影响相互制约的关系。S、A、R 分别为 H、V、E 的评价主体，H、V、E 分别是 S、A、R 的表现形式；S、A、R 自身的特性决定着 H、V、E 的评价结果，而 H、V、E 的评价结果为 S、A、R 的管理提供了基础和检验标准，并且其评价结果在时间上随着相关参数的变化而变化，在时间上实现动态管理，在空间上实行分区化管制。

综上所述，本书提出符合管理者思想的环境风险源管理模式，主要得到以下成果。

（1）构建了流域水污染事故环境风险系统框架

根据卢曼风险系统理论，立足于事实维度、时空维度和社会维度三方面，引申出水污染事故环境风险系统框架，分析现有的环境风险评价系统的利弊，从环境管理角度出发，将现状评价管理与预测防范管理相分离，建立流域水污染事故环境风险系统。

（2）提出了流域水污染事故环境风险的 SARM 分区时空管理模式

立足于管理需求将现状评价与预测评估相独立，强调现状治理的重要性，并首次将直接受体从区域受体中独立出来作为一项管理对象，即作为预测主体参与到风险评价中来，将风险管理主体细化为风险源、区域和直接受体三类。并且风险评价结果在时间上随着相关参数的变化而变化，在时间上实现动态管理，在空间上实行分区化管制，满足风险管理者的需求。

（3）建立了 HVE 评价模式

以 SARM 管理模式为核心，确定风险源、区域和直接受体的表现形式分别为风险源危险性、影响区域脆弱性及风险受体暴露性，从不同主体的表现形式确定相应的评价模式，形成了与 S、A、R 三方管理主体相应的 H、V、E 评价模式。

参考文献

[1] 乌尔里希·贝克, 刘宁宁, 沈天霄. 风险社会政治学 [J]. 马克思主义与现实, 2005(03):42-46.

[2] 高宣扬. 鲁曼社会系统理论与现代性 [M]. 北京:中国人民大学出版社, 2005.

[3] 周志家. 风险决策与风险管理-基于系统理论的研究 [M]. 北京:社会科学文献出版社, 2012.

[4] Zinn JO. A comparison of sociological theorizing on risk and uncertainty [M]. Social theories of risk and uncertainty. Blackwell Publishing Ltd. , 2009, 168-210.

[5] Luhmann N. Risk: A sociological theory [M]. Stanford: Stanford University Press, 1993.

[6] Cristino T,Saizen I,Kobayashi S. Geospatial-based vulnerability assessment of an urban watershed[J]. Procedia Environmental Sciences, 2013, 17(0):263-269.

[7] Germashev IV, Derbisher EV, Aleksandrina AY, et al Hazard assessment of organic chemicals with the use of artificial neural networks [J]. Theoretical Foundations of Chemical Engineering, 2009, 43(2):212-217.

[8] Kakareka A. Chapter 31 - what is vulnerability assessment? [M]. Vacca JR (ed). Computer and information security handbook (second edition). Boston: Morgan Kaufmann, 2013:541-552.

[9] Song G, Li Z, Yang Y, et al. Assessment of ecological vulnerability and decisionmaking application for prioritizing roadside ecological restoration: A method combining geographic information system, delphi survey and monte carlo simulation [J]. Ecological Indicators, 2015, 52(0):57-65.

[10] Münzberg T, Wiens M, Schultmann F. Dynamic-spatial vulnerability assessments: A methodical review for decision support in emergency planning for power outages [J]. Procedia Engineering, 2014, 78(0):78-87.

[11] Mamauag SS, Aliño PM, Martinez RJS, et al. A framework for vulnerability assessment of coastal fisheries ecosystems to climate change—tool for understanding resilience of fisheries (va-turf) [J]. Fisheries Research, 2013, 147(0):381-393.

[12] Oliveira, PTS. ,Sobrinho TA, Rodrigues D. B. B, et al. Erosion risk mapping applied to environmental zoning[J]. Water Resour Manag, 2011, 25(3):1021-1036.

[13] Li Y, Ping H, Ma Z-H, et al. Statistical analysis of sudden chemical leakage accidents reported in china between 2006 and 2011 [J]. Environmental Science and Pollution Research, 2014, 21(8):5547-5553.

[14] Hou D, Ge X, Huang P, et al. A real-time, dynamic early-warning model based on uncertainty analysis and risk assessment for sudden water pollution accidents [J]. Environmental Science and Pollution Research, 2014, 21(14):8878-8892.

第 3 章

流域水污染环境风险评价方法构建

3.1
引言

根据上一章提出的流域水污染事故环境管理模式，提出相应的流域水污染事故环境风险评价方法。根据前文相关风险评价方法介绍，本书所选取的模型尽量发挥其最大的优势。本书选用了多变量统计结合 GIS 分析技术对 HVE 三项风险指数进行评价。根据 HVE 指数评价结果构建风险综合评价模型，并结合 SARM 管理模式的需要，模型构建要体现时间和空间两个维度，在空间上引入距离权重，在时间上引入时间轴 t，分别构建风险动态分区评价模型、风险峰值分区评价模型和区域综合风险评价模型，从风险时间变化趋势、空间关系分布、影响最大强度和区域总体影响程度 4 个方面进行综合评价，评价结果为风险管理提供基础。

3.2
流域水污染环境风险评价指标体系

3.2.1 环境风险指标体系概述

3.2.1.1 环境风险指标体系构建原则

环境风险指标体系是用来反映环境风险总体现象在一定时间尺度上系统的数理特征，用以体现环境污染风险系统的一套相互关联的指标集合[1]，构建科学、合理、系统的指标体系需要遵循以下原则。

（1）系统全面性原则

区域风险评级是一项复杂的风险系统，涉及的层面及主体较多。选取指标时要尽量全面并且具有代表性，涵盖系统中的各个层面[2]。采用系统工程理论选取系统性较强的指标体系。

(2) 科学合理性原则

建立指标体系要进行科学分析，应能够反映事物的主要特征，遵循自然规律，符合社会现象，层次分明结构合理、基础数据来源可靠、方法科学，能够反应区域环境风险的特征[3]。

(3) 时空变化性原则

环境风险源评价与管理技术体系是一个具有时间维度的，随着社会对风险认知的发展而持续改进的过程[4]，所以构建指标体系时在满足现状的基础上也要随着时间的变化不断改进和完善，指标体系的时态性也是不断发展的。

(4) 量化可行性原则

评价指标构建要使指标数据能保质保量地获取，信息正确可靠。结合指标的量化程度，将定性与定量相结合[2]。选取的指标便于公众理解，避免因深奥的专业术语导致获取数据困难或有偏差。量化过程要全面反映指标的各个方面且尽量利用统计数据和标准规范提高可靠性。

3.2.1.2 环境风险指标选取的方法

(1) 定性分析法选取

在环境风险系统中影响因素繁多而复杂，有些是明显直接的，有些则是间接模糊的，在系统中无论哪类因素都可以采取定性的方法进行筛选，如社会调查法和专家咨询法[5]。

(2) 定量分析法选取

在环境风险系统中有些指标是可以通过量化数值进行描述的，对于这部分指标可以采用定量分析的方法，通过一系列方法对统计资料或基础调查资料进行定量化处理。

(3) 定量与定性相结合选取

对于通过社会调查和专家咨询等定性分析得到的指标，结合相应的定量分析方法，对指标进行最终的量化处理。

3.2.2 流域水污染环境风险评价指标体系构建

根据所阐述的指标体系构建的理论依据和基本原则以及上文提出的 SARM

风险源管理模式相应的 HVE 风险评价模式，将风险评价分为风险源发生事故的危险性、事故影响区域的脆弱性及直接受体的暴露程度三类；其中，前两项为现状评价，后一项为预测评价。因此，本书对风险源的管理中依据现状评价和预测评价相独立的原则，借鉴已有的风险的不确定性分析[6,7]、风险评估[8-11]、人体健康风险评估[12,13]、水体毒性评价[14]、生态脆弱性评价[15-17] 等研究方法，结合 SARM 管理模式的特点来设定相应的评价指标体系。本书的构建目标层为风险源的风险值，风险值的大小受到风险源的事故危险性、区域环境脆弱性及流域受体的暴露性三方面影响，分别都建立了相应的指标体系。

本书对风险源指标体系的构建采取分层与分类定级相结合的方式进行。将风险源的事故危险性、区域环境脆弱性及流域受体的暴露性三类指数的评价目标分为指数层、指标层、参数层及参数定级层。风险源事故危险性由风险源本身的压力性以及风险源自身预防设施的控制性共同决定；区域环境脆弱性由区域环境自身的压力以及区域对环境保护和事故应急能力共同决定；而流域受体的暴露性是由预测事故影响范围内受体自身的暴露水平决定的。因此，风险源事故指数层和区域环境脆弱性指数层又下设了压力性指标和控制性指标四个指标层，分别为危险压力性指标、危险控制性指标、脆弱压力性指标和脆弱控制性指标。每个指标由多个参数描述，成为参数层。参数层在判断、计算和分析后以一定的原则进行定级，成为参数定级层。

流域水污染事故环境风险评价指标体系见表 3-1。

表 3-1　流域水污染事故环境风险评价指标体系

一层	二层	三层	四层
目标层	指数层	指标层	参数层
风险性(R)	风险源事故危险性指数(H)	危险压力性指标(HP)	危险物质类型(HP_1)
			物质危险性(HP_2)
			危险物质强度(HP_3)
			集群风险源(HP_4)
			地质灾害压力(HP_5)
		危险控制性指标(HC)	生产设备状况(HC_1)
			员工素质水平(HC_2)
			安全管理体系(HC_3)

续表

一层	二层	三层	四层
目标层	指数层	指标层	参数层
风险性(R)	区域环境脆弱性指数(V)	脆弱压力性指标(VP)	河流面积比(VP_1)
			河流功能区划(VP_2)
			河流水质评价等级(VP_3)
			水源地面积比(VP_4)
			水源地服务人口数(VP_5)
			总人口数(VP_6)
			脆弱性人口数(VP_7)
			经济总产值(VP_8)
			土地垦殖率(VP_9)
			自然保护区面积比(VP_{10})
			自然保护区级别(VP_{11})
		脆弱控制性指标(VC)	森林覆盖率(VC_1)
			生物丰度(VC_2)
			环境应急能力(VC_3)
	流域受体暴露性指数(E)		超标倍数(E_1)
			生态毒性效应(E_2)

3.2.3 评价指标体系参数定级分析

为了对流域水污染事故环境风险做出科学的评价，除了建立一套全面的、科学的、综合性的风险评价指标体系外，还要给出每个指标的具体评判标准。评判标准的判定主要依据四大原则[18]：首先，在国内或国际上已经明确了标准值的，应采用标准值作为评判标准；其次，评判标准应尽量采用定量化标准进行判定；再次，遵循目标一致性原则，即与我国相关政策研究的目标值相一致，或优于其目标值；最后，就是对那些目前统计数据不十分完整或无法直接量化的指标，但在指标体系中又是不可或缺的指标，采用专家咨询法进行判定。

基于以上原则，本书主要利用查询历史资料法，借鉴国内外环境风险评价相关研究成果，以国家或国际标准为主要依据，确立了流域水污染事故环境风险评价指标体系参数的分级标准，具体的分级标准见表 3-2。

表 3-2 评价指标体系参数分级标准

参数	Ⅰ	Ⅱ	Ⅲ	Ⅳ
HP_1	4 类	3 类	2 类	1 类
HP_2	毒性、燃烧和爆炸(持久)其中一项的最高级别达到一级的	毒性、燃烧和爆炸(持久)其中一项的最高级别达到二级的	毒性、燃烧和爆炸(持久)其中一项的最高级别达到三级的	毒性、燃烧和爆炸(持久)其中一项的最高级别达到四级的
HP_3	$HP_3 \geqslant 100$	$10 \leqslant HP_3 < 100$	$1 \leqslant HP_3 < 10$	$HP_3 < 1$
HP_4	高度密集	密集	较分散	分散
HP_5	高风险区	次高风险区	次低风险区	低风险区
HC_1	$HC_1 \geqslant 72$	$64 \leqslant HC_1 < 72$	$48 \leqslant HC_1 < 64$	$HC_1 < 48$
HC_2	$HC_2 \geqslant 22.5$	$20 \leqslant HC_2 < 22.5$	$15 \leqslant HC_2 < 20$	$HC_2 < 15$
HC_3	$HC_3 \geqslant 54$	$48 \leqslant HC_3 < 54$	$36 \leqslant HC_3 < 48$	$HC_3 < 36$
VP_1	$VP_1 \geqslant 60\%$	$40\% \leqslant VP_1 < 60\%$	$10\% \leqslant VP_1 < 40\%$	$VP_1 < 10\%$
VP_2	Ⅰ类/Ⅱ类	Ⅲ类	Ⅳ类	Ⅴ类
VP_3	L4	L3	L2	L1
VP_4	$VP_4 \geqslant 20$	$10 \leqslant VP_4 < 20$	$1 \leqslant VP_4 < 10$	$VP_4 < 1$
VP_5(万人)	$VP_5 \geqslant 100$	$20 \leqslant VP_5 < 100$	$0.1 \leqslant VP_5 < 20$	$VP_5 < 0.1$
VP_6(万人)	$VP_6 \geqslant 100$	$10 \leqslant VP_6 < 100$	$1 \leqslant VP_6 < 10$	$VP_6 < 1$
VP_7(万人)	$VP_7 \geqslant 10$	$5 \leqslant VP_7 < 10$	$1 \leqslant VP_7 < 5$	$VP_7 < 1$
VP_8(亿元)	$VP_8 \geqslant 1000$	$100 \leqslant VP_8 < 1000$	$10 \leqslant VP_8 < 100$	$VP_8 < 10$
VP_9	$VP_9 \geqslant 70\%$	$40\% \leqslant VP_9 < 70\%$	$10\% \leqslant VP_9 < 40\%$	$VP_9 < 10\%$
VP_{10}	$VP_{10} \geqslant 70\%$	$40\% \leqslant VP_{10} < 70\%$	$10\% \leqslant VP_{10} < 40\%$	$VP_{10} < 10\%$
VP_{11}	国家级	省级	市级	县级
VC_1	$VC_1 \geqslant 70\%$	$40\% \leqslant VC_1 < 70\%$	$10\% \leqslant VC_1 < 40\%$	$VC_1 < 10\%$
VC_2	$VC_2 \geqslant 0.3$	$0.2 \leqslant VC_2 < 0.3$	$0.1 \leqslant VC_2 < 0.2$	$VC_2 < 0.1$
VC_3	$VC_3 \geqslant 81$	$72 \leqslant VC_3 < 81$	$54 \leqslant VC_3 < 72$	$VC_3 < 54$
E_1	$E_1 \geqslant 1000$	$100 \leqslant E_1 < 1000$	$10 \leqslant E_1 < 100$	$1 < E_1 < 10$
E_2	$E_2 \geqslant 0.1$	$0.01 \leqslant E_2 < 0.1$	$0.001 \leqslant E_2 < 0.01$	$E_2 < 0.001$

3.2.4 评价指标体系参数标准化模型构建

3.2.4.1 参数等级赋值

基于以上参数分级标准对各项级别进行赋值，参数分为正向参数和逆向参数：正向参数级别高的赋高分值，级别低的赋低分值；逆向参数反向赋值。

指标参数等级赋值标准见表3-3。

表3-3 指标参数等级赋值标准

参数类型	参数	参数级别			
		Ⅰ	Ⅱ	Ⅲ	Ⅳ
正向参数	HP/VP/E	4	3	2	1
逆向参数	HC/VC	1	2	3	4

3.2.4.2 参数权重确定

本书中利用层次分析法（AHP）对H、V、E风险评价体系的各项底层参数进行权重赋值。

将流域水污染事故环境风险评价中的风险源事故危险性指数（H）、区域环境脆弱性指数（V）和流域受体暴露性指数（E）依据指标体系分别建立层次结构模型。在建立层次结构模型后，上下层次之间的隶属关系就确定了。采用AHP，经过咨询领域内资深专家3人，对各层次指标之间构造判断矩阵，综合得出评判表3-4～表3-10，且所有判断矩阵的一致性检验CR全部小于0.1，在可接受范围内。

表3-4 风险源事故危险性指数（H）指标层判断矩阵

H	HP	HC
HP	1.0000	3.0000
HC	0.3333	1.0000

注：一致性检验$CR=0.0000\leqslant 0.1$，可接受。

表3-5 HP参数层判断矩阵

HP	HP_1	HP_2	HP_3	HP_4	HP_5
HP_1	1.0000	0.3333	0.3333	2.0000	1.0000
HP_2	3.0000	1.0000	1.0000	4.0000	3.0000

续表

HP	HP_1	HP_2	HP_3	HP_4	HP_5
HP_3	3.0000	1.0000	1.0000	4.0000	3.0000
HP_4	0.5000	0.2500	0.2500	1.0000	0.5000
HP_5	1.0000	0.3333	0.3333	2.0000	1.0000

注：一致性检验 $CR=0.0059\leqslant 0.1$，可接受。

表 3-6 HC 参数层判断矩阵

HC	HC_1	HC_2	HC_3
HC_1	1.0000	5.0000	1.0000
HC_2	0.2000	1.0000	0.2000
HC_3	1.0000	5.0000	1.0000

注：一致性检验 $CR=0.0000\leqslant 0.1$，可接受。

表 3-7 区域环境脆弱性指数（V）指标层判断矩阵

V	VP	VC
VP	1.0000	7.0000
VC	0.1429	1.0000

注：一致性检验 $CR=0.0000\leqslant 0.1$，可接受。

表 3-8 VC 参数层判断矩阵

VC	VC_1	VC_2	VC_3
VC_1	1.0000	0.3333	0.1667
VC_2	3.0000	1.0000	0.5000
VC_3	6.0000	2.0000	1.0000

注：一致性检验 $CR=0.0000\leqslant 0.1$，可接受。

表 3-9 VP 参数层判断矩阵

VP	VP_1	VP_2	VP_3	VP_4	VP_5	VP_6	VP_7	VP_8	VP_9	VP_{10}	VP_{11}
VP_1	1.0000	0.3333	0.3333	0.2000	0.2000	0.2000	0.1250	1.0000	3.0000	0.3333	0.3333
VP_2	3.0000	1.0000	3.0000	0.3333	0.2000	0.3333	0.2000	1.0000	3.0000	1.0000	1.0000
VP_3	3.0000	0.3333	1.0000	0.3333	0.2000	0.3333	0.1429	1.0000	3.0000	0.5000	0.5000
VP_4	5.0000	3.0000	3.0000	1.0000	0.3333	0.3333	0.3333	4.0000	7.0000	2.0000	1.0000

续表

VP	VP_1	VP_2	VP_3	VP_4	VP_5	VP_6	VP_7	VP_8	VP_9	VP_{10}	VP_{11}
VP_5	5.0000	5.0000	5.0000	3.0000	1.0000	1.0000	1.0000	6.0000	9.0000	3.0000	3.0000
VP_6	5.0000	3.0000	3.0000	3.0000	1.0000	1.0000	0.3333	5.0000	9.0000	3.0000	2.0000
VP_7	8.0000	5.0000	7.0000	3.0000	1.0000	3.0000	1.0000	7.0000	9.0000	5.0000	3.0000
VP_8	1.0000	1.0000	1.0000	0.2500	0.1667	0.2000	0.1429	1.0000	2.0000	0.5000	0.5000
VP_9	0.3333	0.3333	0.3333	0.1429	0.1111	0.1111	0.1111	0.5000	1.0000	0.2500	0.2000
VP_{10}	3.0000	1.0000	2.0000	0.5000	0.3333	0.3333	0.2000	2.0000	4.0000	1.0000	1.0000
VP_{11}	3.0000	1.0000	2.0000	1.0000	0.3333	0.5000	0.3333	2.0000	5.0000	1.0000	1.0000

注：一致性检验 $CR=0.0306\leqslant0.1$，可接受。

表 3-10 流域受体暴露性指数（E）指标层判断矩阵

E	E_1	E_2
E_1	1.0000	5.0000
E_2	0.2000	1.0000

注：一致性检验 $CR=0.0000\leqslant0.1$，可接受。

根据判断矩阵得出各层次权重值。风险源事故危险性指数（H）权重评判见表 3-11，区域环境脆弱性指数（V）权重评判见表 3-12，流域受体暴露性指数（E）权重评判见表 3-13。

表 3-11 风险源事故危险性指数（H）权重评判

指数层	W_h	指标层	W_i	参数层	W_j
H	1.00	HP	0.75	HP_1	0.0927
				HP_2	0.2549
				HP_3	0.2549
				HP_4	0.0549
				HP_5	0.0927
		HC	0.25	HC_1	0.1136
				HC_2	0.0227
				HC_3	0.1136

表 3-12 区域环境脆弱性指数（V）权重评判

指数层	W_h	指标层	W_i	参数层	W_j
V	1	VP	0.8750	VP_1	0.0240
				VP_2	0.0492
				VP_3	0.0345
				VP_4	0.0882
				VP_5	0.1700
				VP_6	0.1346
				VP_7	0.2154
				VP_8	0.0288
				VP_9	0.0141
				VP_{10}	0.0586
				VP_{11}	0.0626
		VC	0.1250	VC_1	0.0125
				VC_2	0.0375
				VC_3	0.0750

表 3-13 流域受体暴露性指数（E）权重评判

指数层	W_h	参数层	W_j
E	1	E_1	0.3333
		E_2	0.6667

3.2.4.3 参数标准化模型构建

经过对参数的分析、计算和定级之后，由于各项参数的计量单位不同，需要对参数进行标准化。标准化既要规避由于计量单位不同所造成的参数之间的不可比较的弊端，又要突出参数重要程度，因此在标准化模型中着重考虑这两个方面进行构建。计量单位不同的问题由参数等级赋值来解决，参数重要程度由参数权重来表示，因此标准化模型的构建如下式所示：

$$S_{ij}=V_{ij}W_j \tag{3-1}$$

式中 S_{ij}——第 i 个对象所对应的第 j 个参数的标准值；

V_{ij}——第 i 个对象所对应的第 j 个参数的等级赋值，由表 3-3 确定；

W_j——第 j 个参数的权重值，由表 3-11～表 3-13 确定。

3.3
HVE 评价样本点识别

HVE 评价样本点识别分析、划分和提取采用地理信息系统（GIS）空间分析方法获得。GIS 技术的应用贯穿于整个区域环境风险评价过程中，不仅在样本点识别上得到应用，还是接下来的指标参数分析、风险综合评价、管理平台的搭建及结果可视化过程中不可或缺的技术和方法，在此对 GIS 空间分析技术做简要介绍。

3.3.1 样本点识别的空间分析方法

评价样本点识别分析、划分和提取采用地理信息系统（GIS）空间分析方法。

地理信息系统又被称为地学信息系统，简称 GIS，是一门集测量学、计算机技术、地理学、测绘学、遥感学等为一体的综合技术。在遥感与测绘、地图制图、规划设计、灾害预警与监测等多个领域得到广泛应用[19]。过去复杂困难的基于空间数据的深层次分析任务，由于 GIS 集成了关系数据库管理、区划、插值、高效图形算法和网络分析等多学科的最新技术，提供了强大的数据分析工具，从而变得简单可行[20]。空间分析功能是 GIS 不可或缺的核心功能之一，GIS 区别于一般信息系统的提取、表现和传输功能，特别是对隐含信息的提取可以通过空间分析功能体现出来[21]。

空间分析包括缓冲区分析、空间查询与量算、网络分析、空间统计分析、叠加分析、空间插值、数字高程模型和空间建模与空间决策支持系统等方法[22]，它是基于地理对象的位置和形态的空间数据分析技术或是基于地理对象的空间布局的地理数据分析技术[23]，空间分析是 GIS 的重要组成部分。空间分析可以应用到风险源评价，是风险评价方法的具体执行工具[24]，如浓度提取、风险源选址、影响区域空间分布等方面。环境风险评价和管理因其自身存在空间关系而有赖于空间分析[25]，同理无论是上文提到的源与受体的距离还是下文将要展开的属性的提取和描述以及风险路径相关性分析，凡是空间实体都与其周围的环境具有空间关系，就空间分析[26]。危险化学物品在运输、生产、使用以及污染事故的发生都是基于一定的时间和空间，其所产生的数据流依赖于数据管理、数据建模和预处理、信息可视化等技术的支撑[27]。

根据本书流域水污染事故环境风险评价与管理的需求，着重介绍以下空间分析方法。

（1）空间查询

空间查询是指我们在很多空间实体中按照一定的要求访问 GIS 所描述的空间实体及其空间信息，并从中挑选出用户需要的空间实体及其相应的属性信息。GIS 所有的空间分析都从空间查询开始[28]，它既是 GIS 的基本功能，同时也是空间分析的基础。空间数据查询包括基于空间特性的查询、基于属性特征的查询，以及基于空间特性和属性特征的查询三种[29]。

（2）空间数据量算

缓冲区分析是 GIS 空间分析中重要的分析方法之一，进行缓冲区分析的物体可以是点、线或面，它可以根据用户自定义影响范围值自动建立其周围一定宽度范围的多边形，从而直观显示出相互影响范围之间的关系，可以进一步求交集和并集[30]。

（3）叠加分析

以分层的方式组织地理景观并按主题分层提取是大部分 GIS 软件采用的方式[22]，叠加分析是将有关主题层组成的数据层面进行叠加产生一个新的数据层的操作，它需要遵循统一的空间参考系和一定的几何运算逻辑。叠加分析包含空间和属性关系的比较，包括基于矢量数据结构的几何叠加分析和基于栅格数据的数学叠加分析两种方式[31]。

（4）空间数据的统计分析

空间数据统计分析因其要对空间数据及其相关信息进行抽象表达，所以较传统数据中仅对数据集合的总和、均值、方差、频度和峰度系数等分析[32]，其需要更加复杂的数据模型和方法，回归分析、层次分析、趋势分析、主成分分析、聚类分析和判别分析、空间自相关分析等都是空间分析的形式[33]。

(5) 插值分析

空间插值分析是 GIS 空间分析的重要组成部分，它假设空间位置上越靠近的点，越可能具有相似的特征值；而距离越远的点，其特征值相似的可能性越小。空间插值多种多样，大致可以分为局部插值和整体插值[34]。空间插值法解决问题的方向主要有补充不足或缺失的数据、等值线分析和网格化数据。

1) 补充不足或缺失的数据

例如由于空气质量监测点分布的位置和密度有限的原因，达不到所有空间位置都有监测值，这时需要用到空间差值，利用已有监测数据分析出其他相邻位置监测值，了解区域内观测变量的完整空间分布[35]。

2) 等值线分析

将具有相同数值的数据通过等值线的方式表现出来，能更好地观察数据变化趋势[36]。

3) 网格化数据

规则格网能够更好地反映连续分布的空间现象并模拟其变化。对已知噪声污染的观测数据进行空间内插[37]，便可得到格网化数据。

在本书中，GIS 用于对 SAR 评价样本点进行识别，H、V、E 风险指标参数的查询、量算、提取及分析，以及风险综合评价及结果的可视化展示。所有的有关 GIS 的计算过程都是运用 ArcGIS 平台进行。

3.3.2 事故危险性（H）评价样本点调研

危险性 H 的评价样本点为风险源 S，对样本点 S 的确定是通过调研来实现的。以《危险化学品重大危险源辨识》(GB 18218—2009)、《“高污染、高环境风险”产品名录》以及《关于开展重大危险源监督管理工作的指导意见》等相关标准、名录和指导意见为基础蓝本，与研究区域当地的污染源普查相结合，以工业源为主要目标，对企业规模大小、排放量、所属行业、未经处理的排污量进行分析。依据安全监管部门申报的企业危险化学品登记信息，对危险化学品使用单位进行了调查，对主要危险废物产生企业进行了排查，对危险品分布行业、分布区域、涉及的河流等情况等进行了统计分析。对风险源危险物质的理化特性、状态、企业内部环境状况、企业周围环境状况、影响区域内的受体特征、典型行业风险的防控程度及其所在地区的风险应急能力等方面着重调查，根据调查信息来判定相应的参数来最终确定风险发生的可能性和危险程度。确定进行风险源调查的内容及方案，制定了风险源电子调查表，以确定可能产生水污染事故的企业名录。风险源电子调查表与风险管理系统平台相连接，由环保监察人员定期对企业进行检查，填写该表信息，信息提交后直接将参数信息录入风险源信息数据库，待进一步风险评价时调用。有在线监测设备监测的参数信息直接通过物联网传输到系统，相应参数的电子调查表不必填写。当无在线监测设备或在线监测设备出现故障时采用手动方式填写电子调查表相应参数信息。

在成千上万个化工企业及大量的风险信息中识别风险源是非常困难和耗时的，为了避免将太多时间花费在较小的风险源上，以往研究中在对风险评价之前会对风险源有初步筛选过程，即将企业最大储量和临界储量作比，比值大于 1 的作为重大风险源进行下一部风险评价，而小于 1 的不作为水污染事故风险源，不进行下一步评价[8]。这种事先筛选的方法在非信息化静态评价过程中保证了在有限的时间和一定的评价能力条件下对较大的风险源进行评价管理。

而本书采用云计算、大数据和物联网技术搭建风险管理系统平台，通过信息化手段实现风险评价与管理计算机化。由大数据和云计算解决了的大量有关风险数据的分析、处理和计算的问题。通过物联网与企业在线监控系统相连实时传输相关风险源信息、实时评价、实时掌握风险源动态。通过风险管理系统平台，提高了分析评价能力，缩短了计算时间，因此本书在风险评价前不对风险进行初步筛选，可能产生水污染的风险源全部纳入风险信息库中进行下一步评价，成为 H 的评价样本点。

3.3.3 环境脆弱性（V）评价样本点的划分

危险性V的评价样本点为区域 A 评价单元的划分。区域环境脆弱性样本点的确定是通过划分评价单元来实现的。评价单元的划分依据以下原则和方法确定。

3.3.3.1 评价单元的内涵及划分原则

评价单元就是在一定划分原则的基础上，根据对有毒有害因素判别分析和评价的需要，将评价对象划分为一定范围的有限的评价子单元[38]。

为了便于评价分析工作的展开，根据其结构、功能、时间及空间分布选择单元之间关系的薄弱处进行分解和划分，划分后的单元既保持了单元之间的相互关系，又具备综合整体的完整性[39]。

3.3.3.2 区域评价单元的划分方法

以往研究中的环境评价单元划分大多数依照行政区划划分，这样的划分有其弊端。有些单元虽属于同一行政区划但其属性结构或者环境污染的类型等要素并不同质，例如占地面积较大或者是东西狭长及南北狭长的市县村，如果以行政区划为评价单元会造成评价结果误差较大。本书吸取以往研究的经验和教训将评价单元先按照固定面积进行划分，划分出若干个相等面积的区块。划分评价单元的面积是根据研究区域的尺度、区域属性的同质性与连贯性，依据评价单元划分的原则进行的。评价单元划分后进行风险源评价，根据评价结果将相同风险值的单元按照其所属的行政区划进行合并，形成风险评价单元分区。

本书评价单元的划分借助于 ArcGIS 建立 Fishnet 完成，将整个评价区域划分为若干个评价单元。评价单元网格化处理示意见图 3-1。

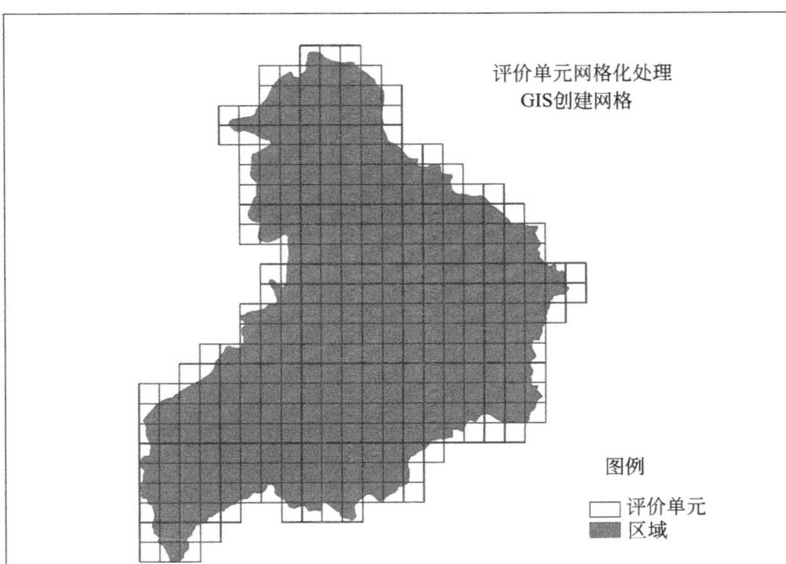

图 3-1 评价单元网格化处理示意

3.3.4 受体暴露性（E）评价样本点的确定

直接受体暴露性 E 的评价样本点的确定是由对直接受体河流 R 的河段以及风险源事故影响范围的预测决定的。

3.3.4.1 河段的划分

根据 SARM 风险源分区时空管理模式，将区域风险源受体中的直接受体河流单独作为暴露性预测评价的主体，在进行暴露性预测评价时，受体暴露性评价样本点的确定首先要对河流进行河段划分。河段的划分是河流与区域环境脆弱性样本点（即划分的评价单元）范围叠加后的结果，也就是每个河段按照其所坐落的评价单元的边界进行划分，东西走向河流按照评价单元南北边界进行划分，南北走向的按照评价单元的东西边界进行划分。河段划分后与划分河段垂直的评价单元为该河段的暴露区域。河段的划分示意如图 3-2 所示。

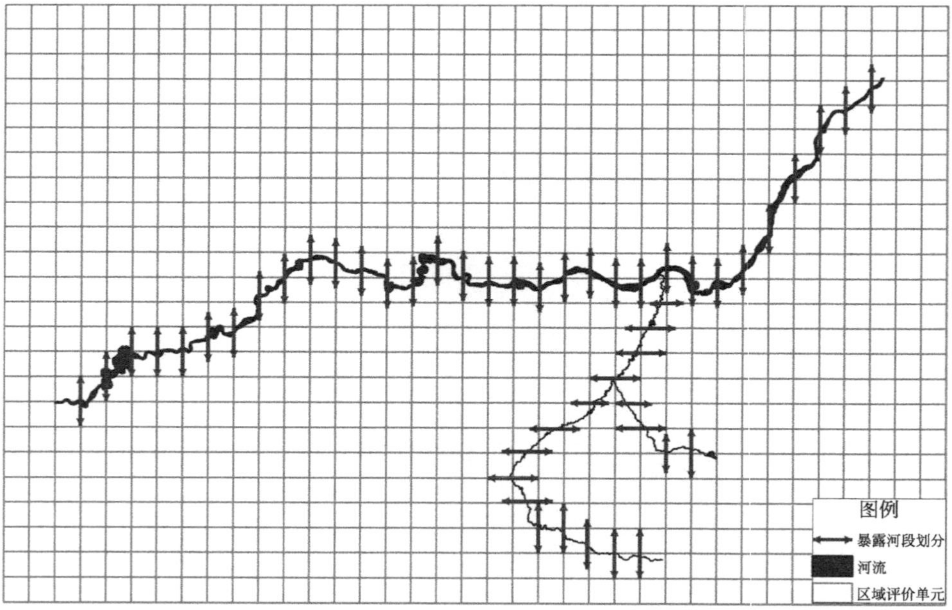

图 3-2 河段的划分示意

3.3.4.2 风险源事故纵向影响范围预测

风险源事故影响范围预测分以下 4 个步骤进行。

(1) 事故类型

在不同的厂区不同的形势下，一种危险物质发生事故的类型有可能是火灾、爆炸、有毒泄漏，或者是结合多个事故。相应地，每个事故类型都会产生特殊的结果。分析最大可信事故类型可以简化风险评价过程。依据有毒有害危险化学品理化性质及单元功能差异，分析风险物质的最大可能事故类型，即危害后果最严重的事故类型。水污染事故风险源出现的事故类型主要有废水非正常排放事故、液态化学品直接泄漏事故、液态化学品爆炸次生泄漏事故、液态化学品火灾次生泄漏事故等。

(2) 泄漏强度

泄漏强度是计算事故影响范围和事故影响程度的关键。确定水污染最大可信事故的污染物强度，考虑到物质事故释放过程的特点，泄漏强度可以通过两个数学模型来计算。液态化学品直接泄漏事故的泄漏强度采用改进的伯努利方程表示，见式 (3-2)：

$$Q=\alpha kS\rho\sqrt{\frac{2(P_a-P_0)}{\rho}+2gh} \tag{3-2}$$

式中 Q——有毒有害危险化学品的泄漏强度，kg/s；

α——有毒有害物质自流入水体的比例，根据企业的污水处理能力在10%～90%区间进行界定；

k——有毒有害物质泄漏比例，%，液态化学品直接泄漏事故的泄漏比区间为 0.5%～10%；

S——裂缝面积，m^2；

ρ——液体密度，kg/m^3；

P_a、P_0——容器压强和大气压强，Pa；

g——重力加速度，$9.81m/s^2$；

h——高于泄漏点的水位，m。

液态化学品爆炸次生泄漏事故、液态化学品火灾次生泄漏事故和废水非正常排放事故依据经验模型，采用式 (3-3) 进行计算：

$$Q=\alpha Q_{max}\times\frac{k_2}{t} \tag{3-3}$$

式中　Q_{max}——有毒有害物品最大储量，kg；

k_2——有毒有害物质泄漏比例，%，液态化学品爆炸次生泄漏事故的泄漏比区间为20%～40%，液态化学品火灾次生泄漏事故泄漏比区间为10%～30%；

t——泄漏时间，s。

（3）初始浓度的计算

有毒有害危险化学品进入水体后会与河流水量发生混合稀释过程，在混合稀释后水质处于均匀混合段时，就可以得出污染物的初始浓度。有毒有害危险化学品进入水体中初始浓度的计算采用费洛罗夫公式。

首先确定混合过程段的污染物浓度，由式（3-4）得出。

$$C_i=\frac{C_1q_i+C_2q_2}{q_i+q_2}=\frac{C_1aq_1+C_2\dfrac{Q}{\rho}}{aq_1+\dfrac{Q}{\rho}} \tag{3-4}$$

式中　C_i——有毒有害危险化学品进入水体后混合过程中第 i 段的污染物混合浓度，mg/L；

C_1——河流背景污染物浓度，mg/L；

C_2——进入水体的有毒有害危险化学品的污染物浓度，mg/L；

q_i——任意非均匀混合断面参与和进入水体的有毒有害污染物混合的河水流量，m^3/s；

q_1——河水流量，m^3/s；

q_2——进入水体的有毒有害污染物的流量，m^3/s；

a——参与和污染物混合的河水流量 q_i 与该断面河水流量 q_1 的比值；

Q——泄漏源强，kg/s；

ρ——有毒有害污染物的液体密度，kg/m^3。

然后，计算混合段总长度，由式（3-5）得出：

$$L_n=\left[\frac{2.3}{a}\lg\left(\frac{aq_1+\dfrac{Q}{\rho}}{(1-a)\dfrac{Q}{\rho}}\right)\right]^3 \tag{3-5}$$

式中　L_n——混合段总长度，m。

最后，当污染物进入水体与河流混合均匀后，$a=1$，此时就得出污染物的初始浓度值，见式（3-6）：

$$C_0=\frac{C_1 q_1+C_2 \frac{Q}{\rho}}{q_1+\frac{Q}{\rho}} \tag{3-6}$$

式中　C_0——水质均匀混合后的污染物初始浓度值，mg/L。

（4）计算事故危害范围

污染物进入水体达到水质均匀混合后的迁移转化过程由相应的扩散模型计算得出。不同类型的污染物所适用的模型不同。本书将污染物的物质分为可溶性物质和漂浮类物质。

① 可溶性物质

本书可溶性污染物的迁移转化模拟采用三策[40] 开发的污染物动态多介质迁移转化模型。该模型在 WASP 模型和逸度模型（Fugacity Model）的基础之上将模型进行改进，规避了 WASP 模型和逸度模型的各自缺点，能对进入河流内的溶解类污染物进行动态的数值模拟，该模型符合本书对风险源实施动态评价的需求；还考虑到温度在污染物迁移转化的作用，对南北方河流都具有适应性。

② 漂浮类物质

漂浮类污染物的迁移转化模拟采用邵志国[41] 的方法，其以费伊（Fya）模型为基础，开发了适合河流的漂浮类污染物迁移转化模拟模型。该模型避免了传统费伊模型适用于静止水面的溢油模拟的弊端。

采用污染物动态多介质迁移转化模型或改进的 Fya 模型预测风险源产生事故后污染物在河流中的迁移转化过程。当预测模拟的污染物浓度降到标准值以下时，该河段距离污染物入河口的距离就是预测的风险源事故危害范围，也就是污染物在河流的纵向迁移距离。风险源纵向影响范围示意见图 3-3。

3.3.4.3 E 评价样本点的确定

风险源在不同时刻产生暴露性所影响到的所有河段作为评价样本点全部参与等级评价。当评价单元和河流区域确定时，样本点数量的多少取决于“时刻 t”所划分的时刻区间的大小。时刻区间等级可分为秒级、分级、时级、天级。根据

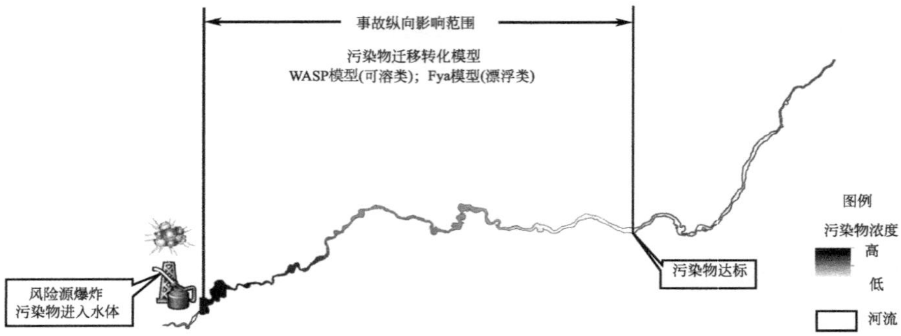

图 3-3 风险源纵向影响范围示意

河流的流速范围及污染物迁移的总体特征及河段划分的步长，确定本书按照时级为时刻区间等级，即以小时为单位。

3.4 HVE 指标参数分析

依据 HVE 指标体系，采用相应的参数计算模型方法结合 GIS 空间分析技术，计算出相应参数数值。依据表 3-2 对参数进行分级，并执行参数数据标准化模型[式(3-1)]对参数数值进行标准化处理。标准化处理结果为下一步 HVE 指数评价打下基础。

HVE 指标参数数值的计算与分析如下。

3.4.1 事故危险性（H）参数分析

3.4.1.1 危险压力性指标 (HP)

(1) 危险物质类型（HP_1）

以《危险货物分类和品名编号》(GB 6944—2012)[42] 和《危险化学品重大

危险源辨识》（GB 18218—2009）[43] 中规定的危险化学品分类为原则，将风险源分为有毒性物质、爆炸性物质、可燃性物质及腐蚀性物质。每个危险化学物品所属的类型可能不止一种，也可为多种。有的危险化学品不仅有毒而且是易爆炸的物质，有的危险化学品兼具有毒、腐蚀、易燃、易爆等多种类型。危险性类型越多发生事故的类型越多样化[44]。本书按照风险源所涉及的危险物品类型数量作为参数定级标准进行级别的确定。

（2）物质危险性（HP_2）

对于危险化学品其危险物质属性需考虑物质的毒性、易燃、易爆的危害级别。以《化学品分类和标签规范》（GB 30000—2013）[45]、《化学品分类和危险性公示通则》（GB 13690—2009）[46]、《易燃易爆危险品火灾危险性分级及试验方法》（GA/T 536）[47]、《建筑设计防火规范》（GB 50016—2014）[48]、《职业性接触毒性危害程度分级》（GBZ 230—2010）[49] 等国家标准的规定为依据对化学品危险性进行分级，将化学品燃烧性、爆炸活性，毒性分为 0～4 五个等级，其中 0 级为无毒不燃稳定物质不列入本书的危险性参数分级，对危险化学品毒性、易燃、易爆分级如表 3-14 所列。对于油类物质产生的溢油危害需考虑悬浮物的持久性、毒性和易燃危险性，溢油类事故或油类物质毒性、易燃、持久性分级如表 3-15 所列。

表 3-14　危险化学品物质危险性分级标准

级别	毒性		燃烧		爆炸	
一级	剧毒	LD_{50}＜5mg/kg（经口）； LD_{50}＜50mg/kg（经皮）； LC_{50}＜50mg/m^3（粉尘或烟雾）； LC_{50}＜500mg/m^3（蒸汽）； LC_{50}＜100cm^3/m^3（气体）；	极易燃	易燃气体[爆炸下限＞10%（体积比）]； 易燃液体（闪点在8～23℃之间）； 常温常压下，可与空气形成爆炸性混合物，并能在空气中迅速扩散的化学品。	极不稳定	在受热或受撞击、摩擦时，对热或机械撞击敏感的化学品
二级	高毒	5mg/kg≤LD_{50}＜50mg/kg（经口）； 50mg/kg≤LD_{50}＜200mg/kg（经皮）； 50mg/m^3≤LC_{50}＜500mg/m^3（粉尘或烟雾）； 500mg/m^3≤LC_{50}＜2000mg/m^3（蒸汽）； 100cm^3/m^3≤LC_{50}＜500cm^3/m^3（气体）；	高易燃	易燃气体[爆炸下限在10%（体积比）及以下]； 易燃的低温液化气体化学品； 易燃（闪点＜−18℃）；自燃化学品。	很不稳定	在受到高温加热或者强烈撞击敏感的化学品；与水发生活跃反应并能发生爆炸的化学品

续表

级别		毒性	燃烧		爆炸	
三级	中毒	$50mg/kg \leqslant LD_{50} < 300mg/kg$(经口); $200mg/kg \leqslant LD_{50} < 1000mg/kg$(经皮); $500mg/m^3 \leqslant LC_{50} < 1000mg/m^3$(粉尘或烟雾); $2000mg/m^3 \leqslant LC_{50} < 10000mg/m^3$(蒸汽); $500cm^3/m^3 \leqslant LC_{50} < 2500cm^3/m^3$(气体);	易燃	易燃液体(闪点处于23~61℃之间); 易燃固体(粉尘形态可迅速燃烧且不能与空气形成爆炸性;纤维化或粉碎时可迅速燃烧;能迅速释放出易燃蒸气的固体或半固体)。	不稳定	在≤150℃的条件下,出现放热现象的化学品;与水可发生剧烈的化学反应或形成爆炸性混合物的化学品。
四级	低毒	$300mg/kg \leqslant LD_{50} < 2000mg/kg$(经口); $1000mg/kg \leqslant LD_{50} < 2000mg/kg$(经皮); $1000mg/m^3 \leqslant LC_{50} < 5000mg/m^3$(粉尘或烟雾); $10000mg/m^3 \leqslant LC_{50} < 20000mg/m^3$(蒸汽); $2500cm^3/m^3 \leqslant LC_{50} < 20000cm^3/m^3$(气体);	可燃	接触815℃高温,在5min之内能燃烧的化学品;大多数可燃物	较不稳定	接触空气、光或潮气可发生变化或分解的化学品;在150℃<试验条件≤300℃时出现放热现象的化学品

表 3-15　油类物质危险性分级标准

级别	毒性	燃烧	持久
一级	高(轻质煤油、重燃料油):指含芳香烃较多,且速溶性较好的油品所具有的毒害性	高(汽油、阿曼原油)	长(重质原油、重柴油、重燃油):指难以挥发或降解,能够在水中很容易乳化成固状,可长期存在的石油或其石油制品所具有的特性
二级	中等(重质煤油):指含芳香烃较少的油品所具有的毒害性	中等(重质煤油、轻质原油、柴油)	中(重质煤油、轻质原油):指较难挥发或降解,一部分可乳化成块状,另一部分可挥发的石油或其石油制品所具有的特性
三级	低(重油):指几乎不溶于水、不含芳香烃的油所具有的毒害性	低(重燃料油、重质原油)	短(汽油、轻质柴油、煤油、航空油等)
四级	无毒性	不燃	极短(挥发)

(3) 危险物质强度 (HP_3)

对于水污染事故来说,其风险主要是由于爆炸后危险化学品物质进入水体并随之迁移而造成的。因此，泄漏量是表征危险物质强度的一个主要的因素[8]。本书用危险物质的储存量和临界量之间的比值来表征危险物质强度。

危险物质的储存量和临界量之间的比值月以下公式来描述：

$$R_{\text{ratio}}=\frac{Q}{Q_{\text{C}}} \tag{3-7}$$

式中 Q——危险化学品储量，t；

Q_0——危险化学品临界量，t，该项参照2004年由国家安全生产监督局颁布的《关于开展重大危险源监督管理工作的指导意见》（安监管协调字［2004］56号文件）[43] 的规定。

（4）集群风险源（HP_4）

工业中的风险源在多数情况下不仅仅是一个，有时是作为群组出现的。风险源群组经过一系列的相关链效应会产生集群风险。集群风险的出现大大增加了风险源对环境的危害程度。因此风险集群要素是评价风险源危险性必不可少的参数。考虑到风险源之间的密集程度以及单元区域内风险源的数量，咨询3～5位相关领域专家判断风险源密集度分布的合理性对集群风险源进行定级[44]，分为高度密集、密集、较分散和分散四类。

（5）地质灾害压力（HP_5）

触发风险源产生事故造成危害的地质灾害大致有地震灾害、山体滑坡及洪水等。地质灾害压力根据风险评价区域内调查状况及灾害历史性资料以及官方公布的灾害易发区等数据，主要参照中国地质环境监测院负责编制完成的《中国典型县（市）地质灾害易发程度分布图集》，根据易发区划分及本书参数等级的划分级别将研究区划分为低风险区、次低风险区、次高风险区及高风险区四级。

3.4.1.2 危险控制性指标（HC）

（1）生产设备状态（HC_1）

风险源的生产设备状况依据工业企业的实际运行状况进行确定。主要根据以下16个子项进行评价：a. 设备运行时间；b. 设备的定期检查维修与保养；c. 抑爆防爆装置；d. 惰性气体保护；e. 紧急冷却装置；f. 应急点源；g. 电气防爆；h. 防静电及避雷装置；i. 阻火装置；j. 仪表监控装置；k. 泄漏检测装置与响应；l. 故障报警及控制装置；m. 事故排放与处理装置；n. 厂房通风装置；o. 监控系统与设备；p. 厂房安全结构设置。

每个子项赋值区间为［0～5］，总分为 80 分，每个子项有其相应的赋分标准，赋分标准参照刘杨华[50] 设计的工艺和设备保障措施检查表，并对其进行改进，增加了一项生产与储存设备运行时间，打分标准见表 3-16。按照打分结果，以百分制中的优（≥90 分）、良（80～90 分）、中（60～80 分）、差（<60 分）所占有的百分比作为参数定级标准进行级别的确定。

表 3-16　设备运行时间打分标准

序号	评价项目	评价内容	分级标准	打分标准
1	设备运行时间	生产与储存设备运行时间	<5 年	5
			5～10 年	3
			10～20 年	1
			>20 年	0

（2）员工素质水平（HC_2）

员工素质水平参数主要从以下 5 个子项进行评价：a. 人员资格的合格性；b. 人员工作负荷状况；c. 人员的操作稳定熟练性；d. 人员学历水平；e. 人员的职称水平。

每个子项赋值区间为［0～5］，总分为 25 分，每个子项有其相应的赋分标准，赋分标准参照刘杨华[50] 设计的人员素质安全检查表，并对其进行改进，将安全教育和培训项目移至下文安全管理体系（HC_3）中，并增加了两项人员学历水平和职称水平，打分标准见表 3-17。员工素质水平的打分结果同样以百分制中的优、良、中、差所占有的百分比作为参数定级标准进行级别的确定。

表 3-17　人员学历水平和职称水平打分标准

序号	评价项目	评价内容	分级标准	打分标准
1	人员学历水平	大专及以上学历比例	>20%	5
			10%～20%	3
			1%～10%	1
			<1%	0

续表

序号	评价项目	评价内容	分级标准	打分标准
2	人员职称水平	初级以上职称比例	>20%	5
			10%～20%	3
			1%～10%	1
			<1%	0

(3) 安全管理体系 (HC_3)

安全管理体系主要从以下 12 个子项进行评价：a. 管理体系认证；b. 安全生产责任制；c. 安全教育和培训；d. 安全生产投入；e. 安全技术、措施及计划；f. 安全生产管理机构及其成员组成结构；g. 安全生产检查；h. 安全生产规章制度；i. 事故统计分析机制；j. 危险评估与整改；k. 应急救援管理；l. 消防安全管理。

每个子项赋值区间为［0～5］，总分为 60 分，赋分标准参照刘杨华[50]设计的安全管理制度检查表，增加了人员素质安全检查表中的安全教育和培训项，将事故应急措施检查表中的项目增加至该体系中的应急救援管理子项中。企业的安全管理体系的打分结果，同样以百分制中的优、良、中、差所占有的百分比作为参数定级标准进行级别的确定。

3.4.2 环境脆弱性（V）参数分析

区域脆弱性指标的每个参数都可以找到相应的土地类型为承载体。例如，人口分布相应的土地类型为城镇村住宅用地；森林覆盖率相应的土地类型为林地；土地垦殖率相应的土地类型为耕地等。本书区域环境脆弱性指数分析通过空间要素提取的参数和相应的土地类型数据，结合监测和统计数据，利用空间叠加分析法将评价单元进行叠加，并通过汇总统计分析得出每个单元格各项参数数值[51]。

本书区域环境脆弱性指数分析是以评价单元格为单位进行的。

3.4.2.1 脆弱压力性指标

(1) 河流面积比 (VP_1)

河流面积参数为评价单元内部河流面积占所在地总面积的比率。评价单元河流面积的多少决定着评价单元水污染直接暴露区域的大小，因此河流面积比是评价脆弱性的要素之一。根据研究区域土地利用现状数据，利用GIS提取河流水面地类。采用GIS空间分析方法将评价单元数据与河流水面地类进行叠加分析与汇总统计分析，得出每个评价单元格内水域面积百分比。其中水域面积所占单元格内土地总面积的百分比小于1%的、水域面积极小的可不赋值。根据比率的大小进行分等定级。

水域面积百分比的统计流程如图3-4所示。

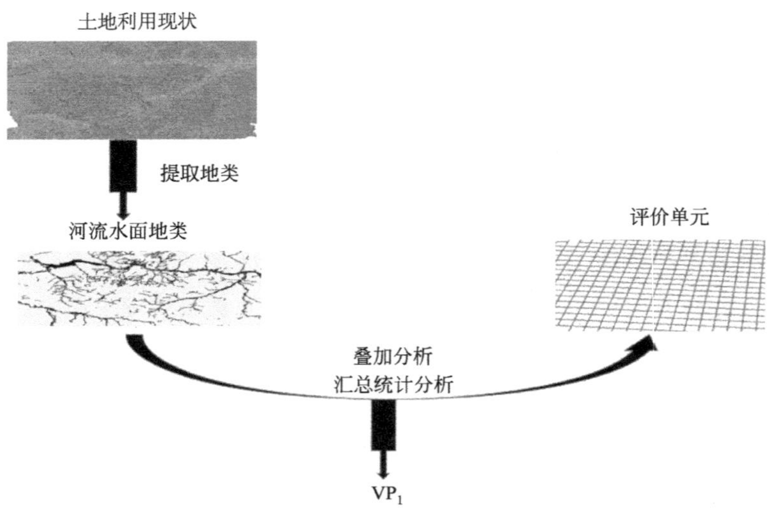

图3-4　评价单元水域面积百分比的统计流程

（2）河流功能区划（VP_2）

根据评价单元内河流所在的断面所执行的水功能区划，无水功能区划的参照环保执行功能区划，无环保执行功能区划的按照Ⅲ类水质标准界定。按照类别进行分等定级，将环保功能区划数据按照河段录入GIS空间数据库，并与评价单元进行叠加分析得出评价单元河流所执行的水功能区划。

河流功能区划的统计流程如图3-5所示。

（3）河流水质评价（VP_3）

河流水质状况是水体纳污能力背景值的体现，是环境脆弱性的重要指标[16]。水质评价通过以下几个步骤完成。

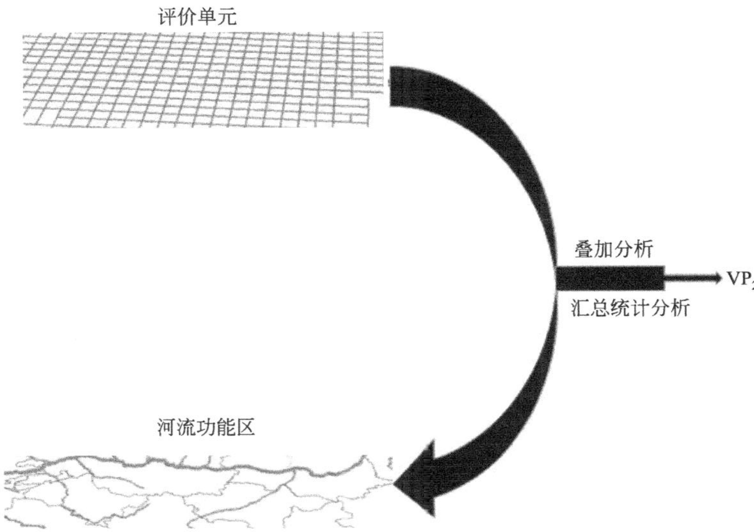

图 3-5　评价单元河流功能区划的统计流程

1）监测数据的收集

根据研究区域河流断面监测点数据，选取具有代表性的水质指标对地表水进行评价，各项指标的标准采用《地表水环境质量标准》（GB 3838—2002）[52]。

2）评价单元水质指标的获取

监测点在距离上分布与评价单元所在河段在空间位置上并不是完全覆盖的，监测数据不能完全反应单元格所在河段的水质状况。为了让每个评价单元都能都获取到水质指标数据需要对监测数据进行预处理，步骤如下：

① 利用现有的监测点数据对每一项水质指标利用反距离权重差值法，以河流边界为障碍线，顺着河流方向进行差值，形成栅格数据；

② 提取评价单元河流中心点；

③ 利用提取分析将每一项水质指标的栅格数据提取至评价单元河流中心点。对于每一个评价单元来说就包含了每项水质指标的数值。

评价单元水质指标的获取流程见图 3-6。

3）指标与评价单元聚类

利用自组织神经网络（SOM）对评价单元的水质参数进行分组并对评价单

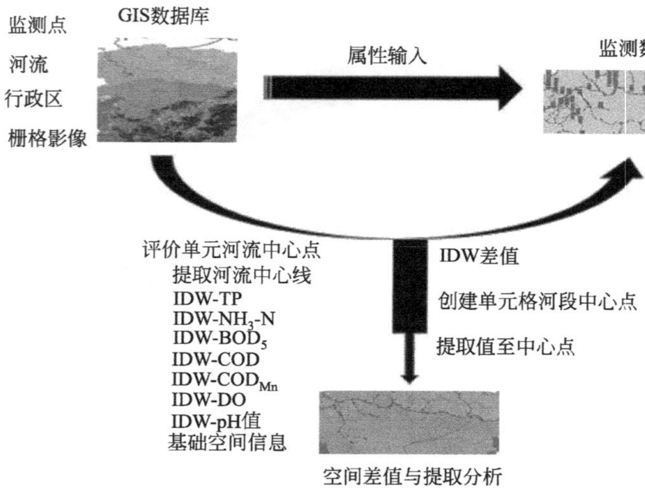

图 3-6 评价单元水质指标获取流程

元进行聚类分析。根据 SOM 结果聚类求均值并进行数据标准化。其标准化过程通过以下两个步骤完成。

① 分配权重。对《地表水环境质量标准》(GB 3838—2002)中界定的 5 类水质标准类别通过德尔菲法分配各项权重。

② 对水质参数数值进行标准化。优于Ⅰ类水质标准的标准化值设置为 0，其他以超标倍数（超出最高水质标准的倍数）乘以超标权重。一般水质参数的标准化计算公式为式(3-8)，但有个别参数有其特殊性，需特殊处理。在水质标准中规定 5 类水质的 pH 标准值是一致的，都在 6～9 之间，在本书中采用水质中性值 7 作为其标准值，超标权重按照Ⅰ类水质的权重值计算。其运算公式为式(3-9)。逆向指标，例如 DO，与其他水质指标相反，值越大表示水质越好。因此逆向水质指标的标准值取倒数进行标准化，其水质标准化公式运用式(3-10)。

$$S_1=\frac{V_1-N_{Gi}}{N_{Gi}}\times W_{Gi} \tag{3-8}$$

$$S_{pH}=\frac{|V_{pH}-7|}{7}\times W_{Gi} \tag{3-9}$$

$$S_2=\frac{N_{Gi}-V_2}{V_2}\times W_{Gi} \tag{3-10}$$

式中　S_1——正向水质指标标准化值；

S_{pH}——pH 水质指标标准化值；

S_2——逆向水质指标标准化值；

V_1——正向水质指标水质参数值；

V_{pH}——pH 水质指标水质参数值；

V_2——逆向水质指标水质参数值；

N_{Gi}——水质参数值所超出的最高水质类别的标准值；

W_{Gi}——超出的水质类别的权重，其中 pH 值的超标权重按照Ⅰ类水质的权重值计算，水质标准级别的权重分配结果见表 3-18。

表 3-18　水质标准级别权重分配

水质标准级别	级别 1	级别 2	级别 3	级别 4	级别 5
权重值	0.01	0.04	0.15	0.3	0.5

4）评价单元水质级别排序

最后根据自组织神经网络结果利用哈斯图技术（HDT）对水质进行排序，并按照单元格水质排序结果作为参数定级标准进行级别的确定。

（4）水源地面积比（VP_4）

水源地分为一级保护区、二级保护区和准保护区，水源地面积比按照以下公式进行：

$$VP_4=r_1w_1+r_2w_2+r_3w_3 \tag{3-11}$$

式中　r_1，r_2，r_3——一级保护区、二级保护区和准保护区面积占单元格总土地面积的比值；

w_1，w_2，w_3——一级保护区、二级保护区和准保护区权重，经过专家咨询将权重分别赋予 0.6 分、0.3 分和 0.1 分。

利用 GIS 空间分析提取水源地一级保护区、二级保护区及准保区地类，将评价单元与水源地地类进行叠加分析，依据公式计算评价单元的水源地面积比。评价单元水源地面积及属性计算流程见图 3-7。

（5）水源地服务人口数属性（VP_5）

根据水源地服务人口数，将服务人口数属性录入 GIS 数据库中，与评价单元进行叠加和统计分析得出水源地所在单元的服务人口数。评价单元水源地服务

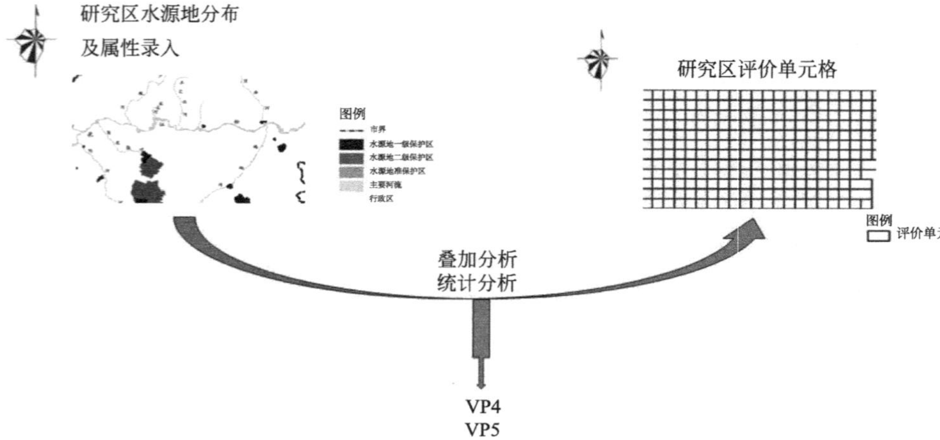

图 3-7 评价单元水源地面积及属性计算流程

人口数属性计算流程见图 3-7，并按照水源地服务人口数属性统计结果作为参数定级标准进行级别的确定。

（6）总人口数（VP_6）和脆弱性人口比（VP_7）

根据研究区域统计年鉴，将各地区总人口数、农业人口数、城镇人口数及年龄在 60 岁以上及 18 岁以下的脆弱人群数量进行统计。将所有统计信息录入数据库，有待下一步在地理信息平台进行统计及空间分析。人口主要集中在城镇村建设用地，包括城市、建制镇和农村居民点。依据土地利用数据提取各县区的城镇村建设用地并与前一步统计入库的人口分布数据进行空间叠加分析，得出单位住宅面积的人口密度，再与评价单元进行空间叠加分析及汇总统计分析，最终得出评价单元人口数量分布及评价单元脆弱性人群分布数量。

叠加与统计分析过程见图 3-8，并按照单元格内总人口数和脆弱性人口数之比的统计结果作为参数定级标准进行级别的确定。

（7）经济总产值（VP_8）

根据研究区统计年鉴，将研究区主要的行业产值进行统计。每个行业都是坐落在某种或者某几种特定的土地利用类型基础之上的。各行业表现的主要土地利用类型分别为：a. 农业为耕地和园地；b. 林业为林地；c. 牧业为牧草地及部分用于畜牧养殖的设施农用地；d. 渔业为用于渔业养殖的坑塘水面；e. 工业主要

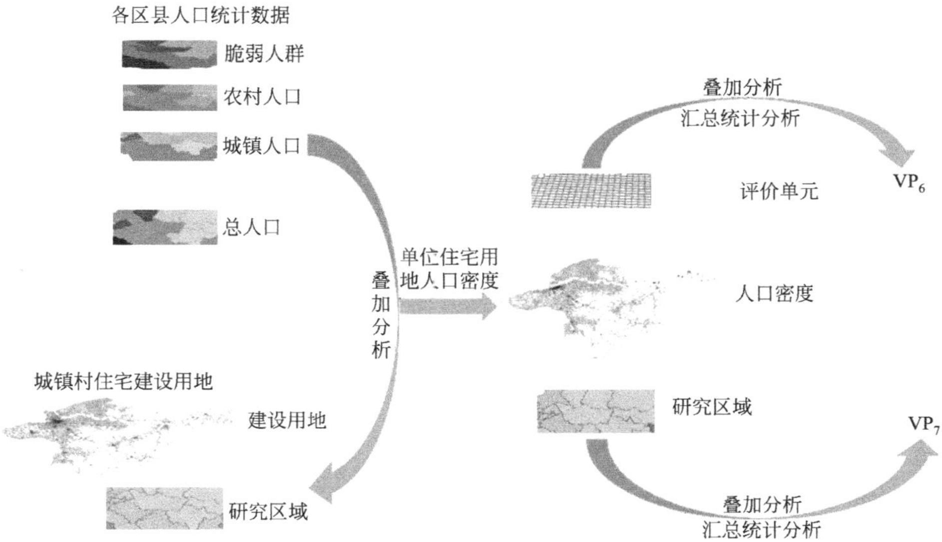

图 3-8 评价单元总人口和脆弱人口分析统计流程

集中在城镇建设用地及采矿用地；f. 建筑业、运输交通和国内贸易主要集中在城镇建设用地。将所有经济统计信息录入数据库，有待下一步在地理信息平台进行统计及空间分析。根据研究区土地利用现状，提取与行业相对应的土地利用类型。根据行业产值及其土地面积计算出单位面积产值。再与评价单元进行叠加分析，汇总统计各行业产值在每个评价单元的分布状况。将各行业的产值进行加和，最终汇总统计出每个评价单元的经济总产值。评价单元经济分析统计流程见图 3-9，并按照单元格内经济总产值的统计结果作为参数定级标准进行级别的确定。

(8) 土地垦殖率（VP_9）

土地垦殖率是指一定区域内耕地面积占土地总面积的比例。根据研究区土地利用现状，提取耕地地类（包括旱地、水田、水浇地），并与评价单元进行空间叠加分析，计算每个评价单元格土地垦殖率。评价单元土地垦殖率分析统计流程如图 3-10 所示，并按照单元格内土地垦殖率的统计结果作为参数定级标准进行级别的确定。

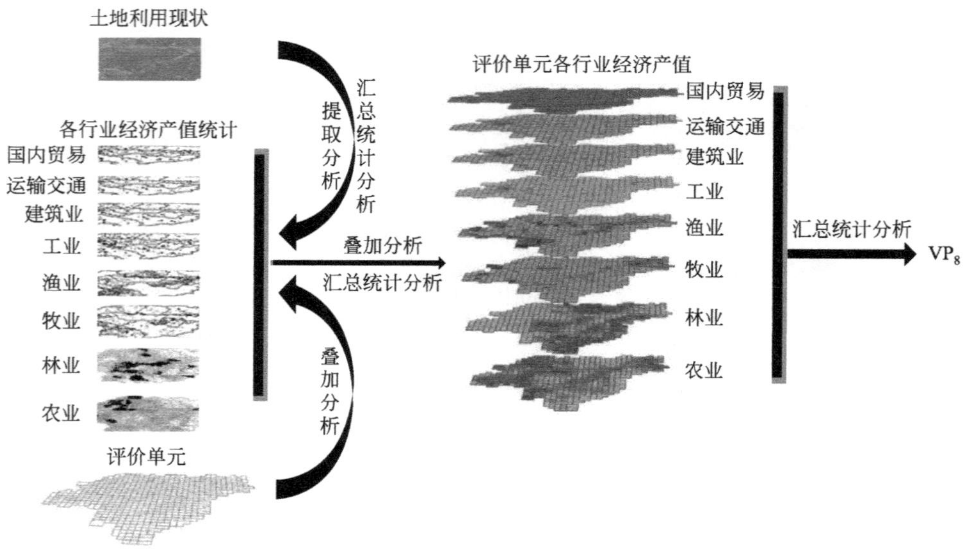

图 3-9　评价单元经济分析统计流程

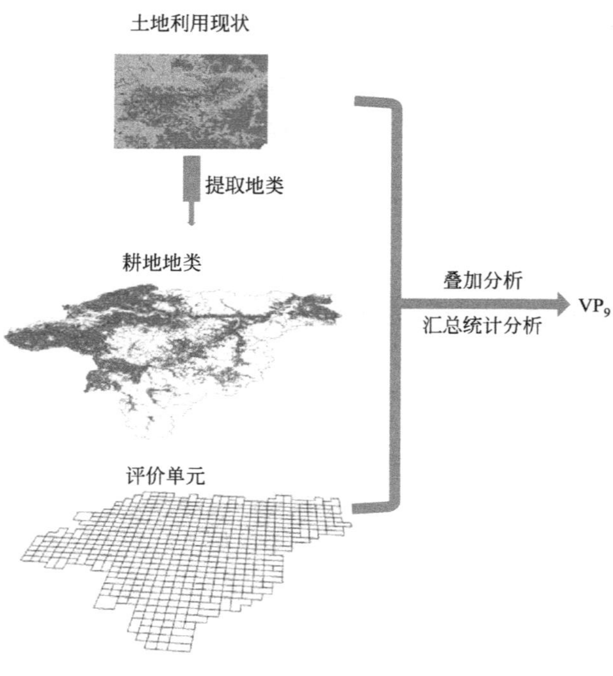

图 3-10　评价单元土地垦殖率分析统计流程

(9) 自然保护区面积（VP_{10}）比及自然保护区级别（VP_{11}）

根据研究区自然保护区名录，从土地利用类型里提取自然保护区所占图斑，并将保护区级别录入GIS平台，保护区级别分为国家级、省级、市级和县级。将自然保护区空间数据与评价单元相叠加，汇总统计出研究区评价单元自然保护区面积比和自然保护区类别两项参数。评价单元自然保护区面积比和自然保护区类别统计流程见图3-11，并按照单元格内自然保护区面积和自然保护区级别的统计结果作为参数定级标准进行级别的确定。

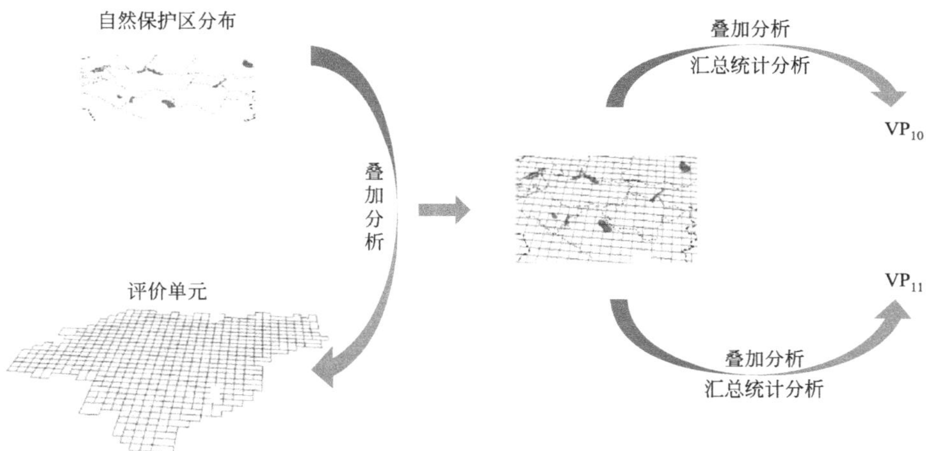

图3-11 评价单元自然保护区面积比和自然保护区类别统计流程

3.4.2.2 脆弱控制性指标（VC）

(1) 森林覆盖率（VC_1）

森林覆盖率（The Forest Coverage Rate），是指区域范围内森林面积与土地总面积的比值，通常以植物茎叶对地面的投影面积计[53]。本书根据研究区土地利用现状，提取林地地类（包括有林地、灌木林地及其他林地），并与评价单元进行空间叠加分析，计算每个评价单元格森林覆盖率。评价单元森林覆盖率统计流程如图3-12所示，并按照单元格内森林覆盖率的统计结果作为参数定级标准进行级别的确定。

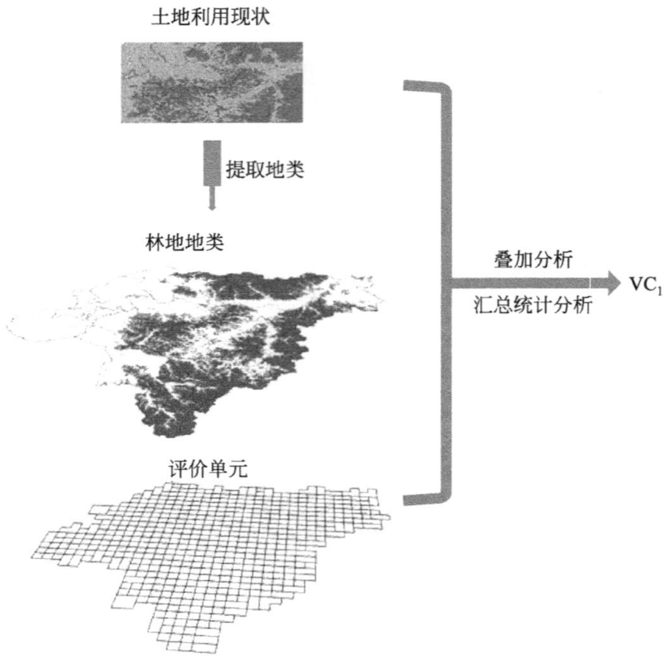

图 3-12　评价单元森林覆盖率统计流程

（2）生物丰度（VC_2）

生物丰度指通过单位面积上不同生态系统类型在生物物种数量上的差异，间接地反映被评价区域内生物的丰贫程度，通常由生物丰度指数表示[54]，由以下公式得出：

$$B_{ai}=(A_r\times 0.35+A_g\times 0.21+A_w\times 0.28+A_f\times 0.11+A_b\times 0.04+A_u\times 0.01)/A_{\text{total}} \tag{3-12}$$

式中　B_{ai}——生物丰度指数；

A——地类面积；

r、g、w、f、b、u 和 total——林地、草地及高山苔原、水体、耕地、建设用地、未利用地和总土地利用类型。

根据研究区遥感影像解译并参照土地二次调查数据，对研究区土地利用状况数据进行搜集整理。按照《土地利用现状分类》（GB/T 21010—2007）中土地利用类型提取耕地、林地、草地、建设用地、水域、未利用地。将土地利用数据与评价单元进行叠加分析，得出各评价单元内土地类型的分布状况，根据生物丰度指数计算评价单元生物丰度。评价单元生物丰度统计流程如图 3-13 所示。

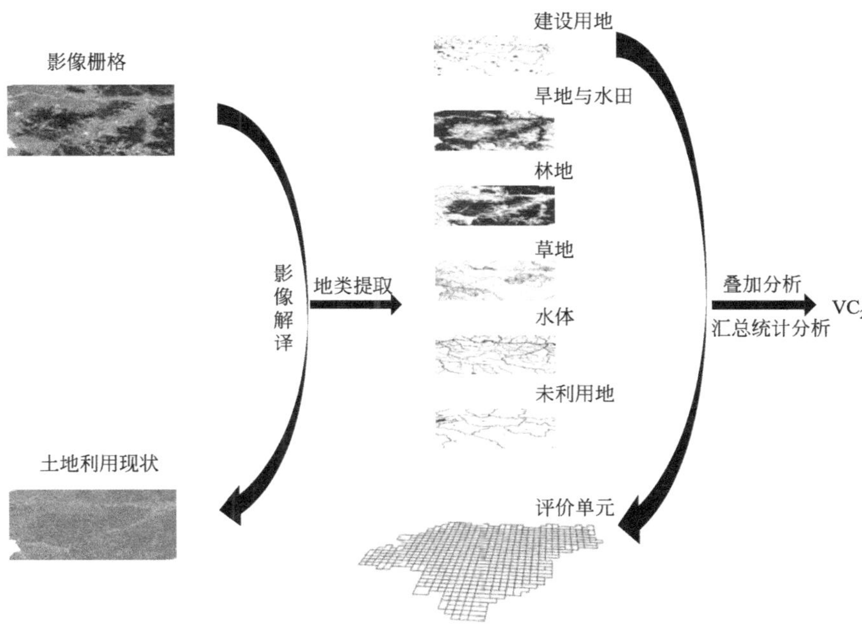

图 3-13 评价单元生物丰度统计流程

(3) 环保应急能力（VC_3）

区域环保应急能力根据以下四大类进行评价。

1）环境保护能力

根据以下 4 个子项进行评价：a. 区域的环保教育能力；b. 环境监察执行能力；c. 环境保护经济投入；d. 环保人员素质水平。

每个子项赋值区间为 [0，5]，通过专家打分法对每个子项进行打分赋值，总分为 20 分。

2）区域应急管理能力

区域应急管理能力评级的内容分为以下 4 个子项。

① 应急法制建设。包括法制执行力、法制公开信息建设、法制索赔建设等

方面。

② 应急体制建设。包括应急指挥部建设、应急职责分工、环境应急专家组建设等。

③ 预防与预警建设。包括预防准备机制和预警机制：预防准备机制包括人为控制、企业控制和地区控制；预警机制包括预警分级、发布、发布措施等。

④ 监督管理。包括应急预案演练、宣教培训、责任与奖惩等。

每个子项赋值区间为［0，5］，通过专家打分法对每个子项进行打分赋值，总分为 20 分。

3）区域事故处置能力

区域事故处置能力评级的内容分为以下 2 个子项。

① 事故发生中的应急处置。包括应急预案启动，污染状态、信息和数据报告及发布，事故的先期处置，相应级别的指挥与协调能力，应急终止等程序和措施。

② 事故发生后期处置。包括善后处置、调查与评估、恢复重建等。

每个子项赋值区间为［0，5］，通过专家打分法对每个子项进行打分赋值，总分为 10 分。

4）区域应急保障能力

区域应急保障能力评级的内容分为以下 8 个子项：a. 应急人员资源保障；b. 应急资金保障；c. 应急物资保障；d. 应急医疗卫生保障；e. 应急交通运输保障；f. 社会治安维护；g. 通信设施保障；h. 先进科技保障。

每个子项赋值区间为［0，5］，通过专家打分法对每个子项进行打分赋值，总分为 40 分。

区域环保应急能力四大类评分总分为 90 分，按照专家对区域环保应急能力的打分结果，以百分制中的优（≥81 分，90%）、良（72～81 分，80%～90%）、中（54～72 分，60%～80%）、差（<54 分，60%）所占有的百分比作为参数定级标准进行级别的确定。

3.4.3 受体暴露性（E）参数分析

本书流域受体暴露压力性指标分析是以河段为单位进行评价。E 是一个绝对动态指标，具有时间维度，随着时间的推移河段浓度发生变化，E 的参数数值也发生变化。因此，时间 t 是一个重要的考虑因素。风险源对每个河段的暴露性不但要考虑不同时间的变化趋势，还要考虑最大暴露值也就是峰值的影响，因此，在构建 E 指数参数模型时每个参数分别建立动态和峰值两套模型，分别参与下一步风险综合评价中的动态分区和峰值分区。

(1) 超标倍数（E_1）

污染物在各个河段的超标倍数的计算公式如下：

$$E_{1it}=C_{it}/S_0 \tag{3-13}$$

$$E_{1i\max}=C_{i\max}/S_0 \tag{3-14}$$

式中 E_{1it}——危险化学品释放到水体的预测污染物浓度在 t 时刻对 i 河段的超标尺度；

$E_{1i\max}$——危险化学品释放到水体的预测最大污染物浓度对 i 河段的超标尺度；

C_{it}——危险化学品释放到水体在 t 时刻对影响河段 i 的预测污染物浓度，mg/L，溶解类污染物由污染物动态多介质迁移转化模型模拟预测得出，溢油类由改进的 Fya 模型模拟预测得出；

$C_{i\max}$——危险化学品释放到水体在河段 i 预测的污染物最大浓度，mg/L；

S_0——危险化学品释放到水体的污染物标准浓度值，mg/L，该标准浓度值一般执行下游受污染地区的环境标准，并依据河段所属的水功能区划所执行的水质级别，依据地表水环境质量标准和集中式生活饮用水地表水源地特定项目标准值进行确定，如果特征污染物暂无地表水环境标准，使用理化性质相近污染物标准。

(2) 生态毒性效应（E_2）

生态毒性效应采用 USEPA 的风险商值法（Risk Quotient，RQ）。把由模型估算出的污染物暴露浓度与实验室测得的该物质危害程度的毒性终点值（LC_{50}）相比较，即用环境暴露浓度与毒性终点值的比值表示生态毒性效应，即：

$$E_{2it}=C_{it}/LC_{50} \tag{3-15}$$

$$E_{2i\max}=C_{i\max}/LC_{50} \tag{3-16}$$

式中 E_{2it}——危险化学品释放到水体的预测污染物浓度在 t 时刻对 i 河段的生态毒性效应尺度；

$E_{2i\max}$——危险化学品释放到水体的预测最大污染物浓度对 i 河段的生态毒性效应尺度；

LC_{50}——毒性污染物的半致死浓度，mg/kg。

3.5 HVE 指数评价

3.5.1 SOM 评价样本点聚类分析

依据前文 HVE 参数分析结果，运用自组织映射网络（SOM）方法对风险评价参数进行分组并对 S、A、R 主体的评价样本点进行聚类分析，将样本点进行分类。

（1）SOM 模型构建

SOM 是一种自动数据分析方法，其理论最早是由芬兰赫尔辛基理工大学 Kohonen 于 1981 年提出的，通常又被叫作 Kohonen map[55]，是神经网络方法的一种。该方法起初应用在图像和声音分析，而如今广泛地应用在了工业、金融、自然科学和语言学等方面的聚类分析及数据探查[56]。SOM 被认为是一种非线性映射技术，通过非监督分类方法进行聚类分析，它不像传统的统计方法对线性及正态的假设有严格的要求，也不像其他监督学习方法的神经网络，它不需要在数据训练过程设定一个期望输出[57]。因此，它被认为是非监督分类的聚类和主成分分析方法。SOM 模拟人类大脑不同区域的神经元分工不同的特点，寻找最优参考矢量集合对输入模式集合进行分类[58]，它运用非监督学习方法对数据进行训练，将高维输入生成低维的由神经元组成的“离散图”，相似性越高的神经元相距越近，相似性越低的神经元相距越远[59]。SOM 包含两个图层：一是输入层，连接数据集中的每一个向量；二是输出层也称竞争层，将神经元分配在二维映射图中[60]。数据通过输入层到达输出层，在输入层中的每个神经元初始随机分配 0～1 的权重值，权重值在输入层和相关输出层之间建立联系[61]。

SOM 输入层和输出层关系如图 3-14 所示。

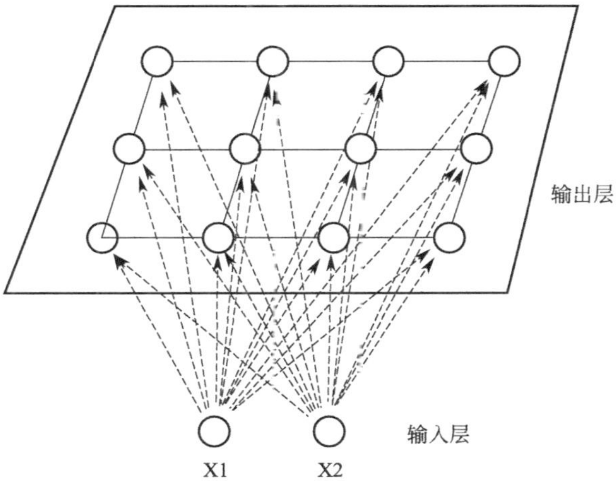

图 3-14 SOM 输入层和输出层关系

SOM 运算法则是基于“胜利者为王”的原则[57]。“胜利者”就是那个最接近输入样本向量的向量神经元。当从数据集中随机选出的输入向量进入网络，在输出层经过竞争而被选择出来的神经元就认定为“胜利者”，对胜利者的选择取决于输入向量的最小欧式几何距离[62]，见式(3-17)：

$$d_{ist}=\sqrt{\sum_{i=0}^{n}(V_i-W_i)^2} \tag{3-17}$$

式中 d_{ist}——输入向量的最小欧式几何距离；

V_i——目前输入向量；

W_i——神经元的权重向量；

n——权重数量。

依据连续训练的规则，“胜利者”及其临域［临域宽度的计算见式(3-18) 和式(3-19)］不断更新其权重向量以达到临域的每个向量更接近“胜利者”［权重的更新公式见式(3-20)～式(3-22)］，越接近“胜利者”的神经元其权重越会发生改变[63]。

$$\sigma(t)=\sigma_0\exp\left(-\frac{t}{\lambda}\right) \quad t=1,2,3,\cdots \tag{3-18}$$

$$\lambda=1000/\lg\delta_0 \tag{3-19}$$

$$W(t+1)=W(t)+\Theta(t)L(t)[V(t)-W(t)] \tag{3-20}$$

$$L(t)=L_0\exp\left(-\frac{t}{\lambda}\right) \tag{3-21}$$

$$\Theta(t)=\exp\left[-\frac{dist^2}{2\sigma^2(t)}\right] \tag{3-22}$$

式中 δ_0——邻域宽度；

σ_0——映射半径；

λ——时间常量；

t——目前时间步长；

L——学习率，其随时间的推移而降低；

L_0——初始学习率；

Θ——在训练过程中神经元和“胜利者”距离的影响量。

训练过程一直持续直到终止条件的出现。终止条件的出现主要有以下两种情况：权向量稳定及特定的迭代次数完成[64]。

(2) SOM 聚类分析

将多维数据集映射到二维平面图，是根据平面图的大小、单元数量以及原始数据空间对象之间所维持的距离，通过两个最大输入数据的特征值的比值来实现的。训练后所形成的二维图生动地表示对象之间的聚类以及参数的分布关系。参数的分布由二维组分图形式进行可视化的表达，并能轻松得出其分布关系。

本书通过 SOM Toolbox 借助于 Matlab 平台实现 SOM 的算法及可视化表达。

其聚类分析可通过一实例进行阐述，例如有一组包含 x 个对象集合，每个对象由 y 项参数进行描述（V_1，V_2，…，V_y），通过 SOM 程序将所有输入对象和参数形成了 y 个参数组分平面图及 U 型矩阵（U-matrix）。每个参数的组分平面图用色阶表示其参数数值的分布状况，即高低值之间会有明显的色阶进行区分，并且在 U-matrix 平面图中各神经元之间的距离可以看出特定对象之间的相似关系，距离越近的神经元相似性越高。

组分的排序通过组分平面图的相关性来揭示参数之间的关系并可以进行参数的分组和选择，即可视化组分平面图依据色阶及色阶所在的位置进行分组。通过

SOM 组分平面排序图可以轻易看出参数之间的相似性及参数分组状况，即平面图中相同位置上色阶相近、相似性越高而被确定为一组。

依据分析出的参数相关性和输出对象之间的距离，通过 SOM 的 Davies-Bouldin 指数法对 x 个对象进行聚类，通过聚类得到 n 列 m 行神经元细胞，利用颜色区分 a 类，每类包含的对象及数量就确定了。因此，SOM 是揭示和识别隐藏在不同模式下的对象的聚类以及参数量化分组的有力工具。

3.5.2 HDT 评价样本点定级

在本书中，将 SOM 对 S、A、R 各类主体的评价样本点的分类结果及 AHP 参数权重赋值，利用哈斯图技术（Hasse Diagram Technique，HDT）进行等级排序。

(1) HDT 模型构建

HDT 因德国数学家 Helmut Hasse 而得名，尽管在 Hasse 之前已经存在此方法，但是他将此可视化技术广泛应用。HDT 是基于偏序集合方法对重要元素进行评价和决策的过程[65]。在 HDT 中，在集合 E（a，b，c，d，e，…）中的对象的排序依据于描述对象的所有的参数，也就是信息基础（Information basis，IB)[66,67]。在处理数据 Q（$N\times R$）矩阵中包含有 N 个样本点和 R 个描述样本点的参数。$q_r(i)$ 表示 Q 矩阵中第 i 个样本点的第 r 个参数变量的数值。对象 x 和 y 属于集合 E，且被一定数量的参数所描述 q_1（x），q_2（x），…，q_n（x）和 $q_1(y)$，$q_2(y)$，…，$q_n(y)$。对象 x 和 y 的排序遵循以下原则：

如果，对于所有的 $q_r \in IB$（$r=1, 2, \cdots, n$）满足以下条件：

$$x, y \in E; x \leqslant y \Longleftrightarrow q(x) \leqslant q(y) \tag{3-23}$$

$$q(x) \leqslant q(y) \Longleftrightarrow q_r(x) \leqslant q_r(y) \tag{3-24}$$

那么，此时在垂直平面上 y 位于顶端 x 位于底端并被一条直线连接；

如果，至少有一个 q_r 满足以下条件 $q_r(x) \geqslant q_r(y)$，那么，记为 $x \parallel y$，此时 x 和 y 认为不能比较，中间没有直线相连[68]。

这种排序原则在每一组含有 x 和 y 对象之间具有小于等于关系的有序对上重复进行[69]。偏序集合通过 Hasse 矩阵很容易地收集每对对象之间的关系。Hasse 矩阵是一个 $N\times N$ 的反对称矩阵，在矩阵中对于每一对要素 x 和 y 都给

出表达其关系的 h_{xy}，如下式所示：

$$h_{st}\begin{cases}+1 & \text{如果} q_r(x) \geqslant q_r(y) \text{那么所有} \ q_r \in IB \\ -1 & \text{如果} q_r(x) < q_r(y) \text{那么所有} \ q_r \in IB \\ 0 & \text{其他}\end{cases} \tag{3-25}$$

如果集合 E 中不存在对象 a 使得：$x \leqslant a \leqslant y$，$a \neq x$，$y$，$x \neq y$，那么 x 被 y 覆盖或称 y 覆盖 x。

(2) HDT 等级排序

Hasse 矩阵中的排列顺序关系可以通过哈斯图进行可视化表达，哈斯图的构建遵循以下原理：

① 每个对象都由一个圆圈代表，并且圆圈内有表示对象的标识符。该圆圈可以表示相同等级的对象。相同等级的对象指的是对于 IB 中的全部参数拥有相同值的不同对象。

② 如果覆盖关系确定，那么在相应的这一对可比较的对象连接一条直线。

③ 如果 $x \leqslant y$，x 在 y 的下方并且他们关系线径直画向下方，对象越接近哈斯图上方的，根据排序原则其影响程度越大。

④ 如果 $x \leqslant y$ 以及 $y \leqslant z$，那么根据传递原则 $x \leqslant z$，但是此种现象 x 和 z 之间不需要再用直线来相连，它们之间的关系由 x 和 y 以及 y 和 z 之间的连线表示。

⑤ 如果 IB 中的部分参数变量使得 $x \leqslant y$，而其余的参数变量使得 $y \leqslant x$，那么 x 和 y 对象之间不可比较，不画直线。

如图 3-15 所示，x、y、z 为可比对象，且关系为 z 覆盖 y 和 y 覆盖 x，且 x 和 y 之间以及 y 和 z 之间用直线相连，w 与 x、y、z 都不可比，与其他对象无直线相连。在顶端的对象代表的是“最佳对象”，最佳对象不被其他对象所覆盖并称之为“最高元素”如图中的 z。处于图表底端的没有覆盖其他对象的对象称为“最低元素”[68]，如图中的 x。在图中存在着“孤立元素”如图中的 w，也就是不能与其他对象相比较的对象，并且它们在图中处于尽可能高的位置。在哈斯图中所处的位置越高，等级越高，依据判断原则影响度就越高，即 z、w 的影响度高于 y，y 的影响度高于 x。

H、V、E 的指数值就是 HDT 的排序结果的等级值。

图 3-15　哈斯图示意

3.6 流域水污染环境风险综合评价

3.6.1　距离权重的判定方法

在进行流域水污染事故风险综合评价时，首先要确定水污染事故横向影响区域范围内的评价单元距离暴露性河段的远近，从而确定距离权重。流域水污染事故横向影响范围程度基本上是沿河流两岸距离远近而逐级递减的，而不同水系级别的河流影响沿河两岸距离的远近也不同。水系级别分为干流、主要支流、其他支流等。因此，本书根据水系级别基于不同缓冲距离标准依次对河流进行空间缓冲分析[70]。空间缓冲分区分为三级：一级缓冲区离河距离最近；二级缓冲区离河岸距离居中；三级缓冲区离河岸距离最远。三级缓冲区之外的区域不作为污染事故影响范围。河流交界处的缓冲地带以最高一级的缓冲区为影响范围。因缓冲区级别在接下来进行区域风险综合评价时评价单元所得权重不同，所以离河流越近权重值越大；反之，离河流越远权重值越小。采用专家咨询确定缓冲距离及权重，不同等级河流缓冲距离标准及其权重值见表 3-19，风险源横向影响范围示意见图 3-16。

表 3-19　不同等级河流缓冲距离标准及其权重值　　单位：km

缓冲级别	一级缓冲区	二级缓冲区	三级缓冲区
干流	5.0	15.0	25.0
主要支流	2.0	10.0	20.0
其他支流	1.0	5.0	10.0
权重	0.6	0.3	0.1

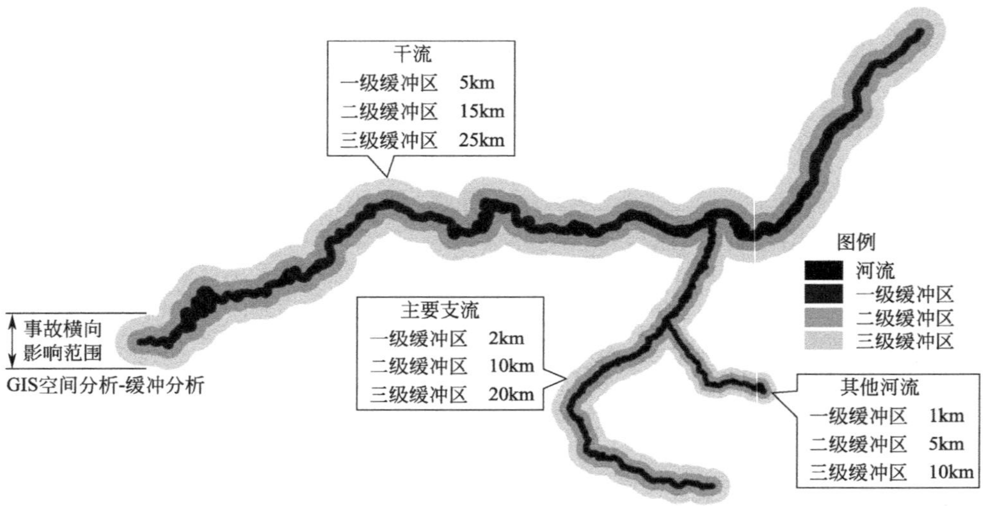

图 3-16　风险源横向影响范围示意

3.6.2 风险动态分区评价模型构建

所谓的风险动态分区指的就是风险值的大小随着时间的变化而改变。在 H、V、E 三项指数中 H 和 V 是相对静态指数，只有在 S 和 A 其中一项属性改变导致 H 和 V 体系中的参数发生变化时，其指数值才发生变化。E 是绝对动态指数，具有绝对的时间轴概念，是一个三维的数据矩阵，它随着模拟的污染物浓度在某个河段不同时刻的变化，其指数值也在发生变化。因此，风险动态分区评价模型构建也要体现出时间和空间概念。

根据 SARM 管理模式，影响水环境污染风险的相关因素有风险源的危险性、影响区域脆弱性及直接受体暴露性，河段暴露性和影响区域在空间上具有一定的距离关系，并大体上遵循距离递减原则[70]。本书在借鉴自然灾害风险指数模型[71] 基础上将模型进行改进，在空间上引进距离权重，并将时间耦合到风险指数模型中。采用改进的风险指数模型计算每个风险源在不同时刻对各个区域评价单元产生的风险值。

风险动态分区评价模型用来明确风险源对每个区域单元产生的风险值的变化趋势。风险动态分区评价模型的构建见式(3-26)：

$$R_{rjt}=H_r V_j W_j E_{it} \tag{3-26}$$

式中 R_{rjt}——风险源 r 在 t 时刻对区域评价单元 j 产生的风险值；

H_r——风险源 r 的事故危险性指数；

V_j——区域评价单元 j 的环境脆弱性指数，是一个非线性函数；

W_j——区域评价单元 j 至暴露性河段的距离权重，根据表 3-19 所确定的横向影响范围的缓冲区级别来确定。

E_{it}——区域评价单元格 j 所对应的暴露性河段 i 在 t 时刻的受体暴露性指数。

3.6.3 风险峰值分区评价模型构建

风险峰值分区评价模型是在风险动态分区评价模型的基础上，去掉时间的影响，以预测的污染物最大浓度，也就是以污染峰值为依据进行分区评价。

风险峰值分区评价模型用来确定风险源对每个区域单元产生的最大风险值。风险峰值分区评价模型的构建见式(3-27)：

$$R_{rj\max}=H_r V_j W_j E_{i\max} \tag{3-27}$$

式中 $R_{rj\max}$——风险源 r 在区域评价单元 j 对应的河段 i 上预测最大污染浓度时对区域评价单元 j 产生的风险值；

$E_{i\max}$——区域评价单元格 j 所对应的暴露性河段 i 预测的最大污染浓度的受体暴露性指数。

3.6.4 区域综合风险评价模型构建

区域综合风险评价是风险源对整个研究区域产生的风险总值，它是在风险动态分区评价模型的基础上对时间和空间上进行综合评价的结果。

区域综合风险评价模型用来确定风险源对整个研究区域风险影响程度。区域综合风险评价模型的构建见式(3-28)：

$$R_r=\sum_{j=1}^{m}\sum_{t=1}^{n}R_{rjt} \tag{3-28}$$

式中 R_r——风险源 r 在整个研究区域全时段产生的区域综合风险总值，$j=1,2,\cdots,m$；$t=1,2,\cdots,n$。

综上所述，本章依据第 2 章提出的 SARM 风险分区时空管理模式构建相应的评价体系和评价方法，得出结论如下。

(1) 建立了 HVE 指标体系

依据风险源 SARM 分区时空管理模式，借鉴相关研究成果，按照指标构建原则分别构建了三套与 S、A、R 三方管理主体相对应的 H、V、E 指标体系。

(2) 构建了参数数据标准化模型

标准化模型的构建既避免了衡量单位不同所造成的不可比性，也突出了各项参数之间的重要程度。

(3) 对 HVE 评价样本点进行识别

根据相应的样本点调研、划分和识别方法，将 S、A、R 三方主体参与 H、V、E 评价的样本点进行识别、细化、划分，提高评价精度，便于评价的进行。

(4) 确定了 HVE 评价参数的计算模型和方法

依据 HVE 指标体系，采用相应的参数计算模型方法结合 GIS 空间分析技术，计算出相应参数数值，并依据参数数据标准化模型对参数数值进行标准化处理。

(5) 构建了 HVE 指数评价方法

采用多变量统计方法对指数进行评价。采用自组织映射（SOM）分别对 H、V、E 评价样本点行聚类分析，依据指标体系参数数值的分布特征对样本点进行分类。采用哈斯图技术（HDT）对 SOM 的样本点分类结果进行排序定级，其等级值为最终的指数值。

(6) 风险综合评价模型构建

根据 HVE 指数结果将空间距离权重引入到模型中，分别构建风险动态分区评价模型、风险峰值分区评价模型和区域综合风险评价模型，从风险时间变化趋势、影响最大强度和区域总体影响程度三方面进行综合评价。

参考文献

[1] 杨建军. 环境经济指标体系及其应用研究[D]. 西安: 长安大学, 2008.

[2] 许力飞. 我国城市生态文明建设评价指标体系研究[D]. 北京: 中国地质大学,2014.

[3] 李远远. 基于粗糙集的指标体系构建及综合评价方法研究[D]. 武汉: 武汉理工大学, 2009.

[4] 齐敏. 我国低碳经济发展水平的评价指标体系与评估研究[D]. 济南: 山东师范大学, 2011.

[5] 刁尚东. 我国特大城市生态文明评价指标体系研究[D]. 北京: 中国地质大学, 2013.

[6] Hou D, Ge X, Huang P, et al. A real-time, dynamic early-warning model based on uncertainty analysis and risk assessment for sudden water pollution accidents [J]. Environmental Science and Pollution Research, 2014,21(14): 8878-8892.

[7] Melikadze GI, Chelidze T, Zhukova N, et al. Using numerical modeling for assessment of pollution probability of drinking water resources in borjomi region (southern georgia) [M]. Baba A, Gunduz O, Friedel MJ, et al. (eds). Climate change and its effects on water resources: Issues of national and global security. 2011: 267-275.

[8] Peng J, Song Y, Yuan P, et al. An novel identification method of the environmental risk sources for surface water pollution accidents in chemical industrial parks [J]. Journal of Environmental Sciences, 2013,25(7): 1441-1449.

[9] Pizzol L, Critto A, Agostini P, et al. Regional risk assessment for contaminated sites part 2: Ranking of potentially contaminated sites [J]. Environment International, 2011,37(8): 1307-1320.

[10] Wayne GL, Janice KW. Introduction to the regional risk assessment using the relative risk model [M]. Regional scale ecological risk assessment. CRC Press, 2004,11-35.

[11] Liu RZ, Borthwick AGL, Lan DD, et al. Environmental risk mapping of accidental pollution and its zonal prevention in a city [J]. Process Safety and Environmental Protection, 2013,91(5): 397-404.

[12] Navoni JA, De Pietri D, Olmos V, et al. Human health risk assessment with spatial analysis: Study of a population chronically exposed to arsenic through drinking water from argentina [J]. Science of The Total Environment, 2014, 499 (0): 166-174.

[13] Chen B. Water pollution simulation and health risk assessment through a refined contaminant transport model [J]. Water Air Soil Pollut, 2009,200(1-4): 323-339.

[14] Carafa R, Faggiano L, Real M, et al. Water toxicity assessment and spatial pollution patterns identification in a mediterranean river basin district. Tools for water management and risk analysis [J]. Science of the Total Environment, 2011,409 (20): 4269-4279.

[15] Hunsaker C, Graham R, Suter G, II, et al. Assessing ecological risk on a regional scale [J]. Environmental Management, 1990,14(3): 325-332.

[16] Zabeo A, Pizzol L, Agostini P, et al. Regional risk assessment for contaminated sites part 1: Vulnerability assessment by multicriteria decision analysis [J]. Environment International, 2011,37(8): 1295-1306.

[17] Jr CT, Saizen I, Kobayashi S. Geospatial-based vulnerability assessment of an urban watershed [J]. Procedia Environmental Sciences, 2013,17(0): 263-269.

[18] 林长喜. 跨界重大水污染事故风险源识别技术体系的研究与应用[D]. 哈尔滨: 哈尔滨工业大学, 2009.

[19] Marjoribanks R. Geographical information systems[M]. Geological methods in mineral exploration and mining. Springer Netherlands, 1997: 85-88.

[20] Van Westen CJ. 3.10 remote sensing and gis for natural hazards assessment and disaster risk management [M]. Shroder JF (ed). Treatise on geomorphology. San Diego: Academic Press, 2013: 259-298.

[21] Church RL. Geographical information systems and location science [J]. Computers & Operations Research, 2002,29(6): 541-562.

[22] Matějíček L, Engst P, Jaňour Z. A gis-based approach to spatio-temporal analysis of environmental pollution in urban areas: A case study of prague′s environment extended by lidar data [J]. Ecological Modelling, 2006,199(3): 261-277.

[23] Wang M, Bai Y, Chen W, et al. A gis technology based potential eco-risk assessment of metals in urban soils in beijing, china [J]. Environmental Pollution, 2012,161(0): 235-242.

[24] Zushi Y, Masunaga S. Gis-based source identification and apportionment of diffuse water pollution: Perfluorinated compound pollution in the tokyo bay basin [J]. Chemosphere, 2011,85(8): 1340-1346.

[25] Arnous MO, Green DR. Gis and remote sensing as tools for conducting geo-hazards risk assessment along gulf of aqaba coastal zone, egypt [J]. Journal of Coastal Conservation, 2011,15(4): 457-475.

[26] Ma L, Cheng L, Li M. Quantitative risk analysis of urban natural gas pipeline networks using geographical information systems [J]. Journal of Loss Prevention in the Process Industries, 2013,26(6): 1183-1192.

[27] Joseph M, Wang F, Wang L. Gis-based assessment of urban environmental quality in port-au-prince, haiti [J]. Habitat International, 2014,41(0): 33-40.

[28] Sárközy F. The gis concept and 3-dimensional modeling [J]. Computers, Environment and Urban Systems, 1994,18(2): 111-121.

[29] Turk T, Kitapci O, Dortyol IT. The usage of geographical information systems (gis) in the marketing decision making process: A case study for determining supermarket locations [J]. Procedia-Social and Behavioral Sciences, 2014,148(0): 227-235.

[30] Higgins E, Taylor M, Francis H, et al. The evolution of geographical information systems for fire prevention support [J]. Fire Safety Journal, 2014,69(0): 117-125.

[31] Mirats Tur JM, Zinggerling C, Corominas Murtra A. Geographical information systems for map based navigation in urban environments [J]. Robotics and Autonomous Systems, 2009,57(9): 922-930.

[32] Velasco V, Tubau I, Vázquez-Suñè E, et al. Gis-based hydrogeochemical analysis tools (quimet) [J]. Computers & Geosciences, 2014,70(0): 164-180.

[33] Rahaman SA, Ajeez SA, Aruchamy S, et al. Prioritization of sub watershed based on morphometric characteristics using fuzzy analytical hierarchy process and geographical information system-a study of kallar watershed, tamil nadu [J]. Aquatic Procedia, 2015,4(0): 1322-1330.

[34] Roa-Escalante GdJ, Sánchez-Lozano JM, Faxas J-G, et al. The effects of photovoltaic electricity injection into microgrids: Combination of geographical information systems, multicriteria decision methods and electronic control modeling [J]. Energy Conversion and Management, 2015,96(0): 89-99.

[35] Thiery F, Grieu S, Traoré A, et al. Integration of neural networks in a geographical information system for the monitoring of a catchment area [J]. Mathematics and Computers in Simulation, 2008,76(5-6): 388-397.

[36] Mergili M, Marchesini I, Rossi M, et al. Spatially distributed three-dimensional slope stability modelling in a raster gis [J]. Geomorphology, 2014,206(0): 178-195.

[37] 李新, 程国栋, 卢玲. 空间内插方法比较 [J]. 地球科学进展, 2000,(3): 260-265.

[38] 沈立. 安全评价单元及其划分的有效性分析 [J]. 中国安全科学学报, 2006,16(12): 130-134.

[39] 李欢. 大型工程项目风险评价单元的划分研究 [J]. 沈阳航空工业学院, 2007.
[40] 王策. 松花江典型有机污染物动态数值模型构建与模拟[D]. 哈尔滨: 哈尔滨工业大学, 2013.
[41] 邵志国. 寒冷地区江河溢油污染团风化迁移规律与时空分布研究[D]. 哈尔滨: 哈尔滨工业大学, 2011.
[42] GB 6944—2012.
[43] GB 18218—2009.
[44] Liu RZ, Lan DD, Borthwick AGL. Zoning abrupt environmental pollution risk in a mega-city [J]. Procedia Environmental Sciences, 2010,2(0): 1022-1031.
[45] GB 30000—2013.
[46] GB 13690—2009.
[47] 中华人民共和国公安部. 中华人民共和国公共安全行业标准. 易燃易爆危险品火灾危险性分级及试验方法 GA/T 536, 2005.
[48] GB 50016—2014.
[49] GBZ 230—2010.
[50] 刘杨华. 基于安全理论的突发性水污染事故环境风险源识别研究[D]. 哈尔滨: 哈尔滨工业大学, 2011.
[51] Preston TM, Chesley-Preston TL, Thamke JN. A gis-based vulnerability assessment of brine contamination to aquatic resources from oil and gas development in eastern sheridan county, montana [J]. Science of The Total Environment, 2014, 472(0): 1152-1162.
[52] GB 3838—2002.
[53] Papathoma-Köhle M, Zischg A, Fuchs S, et al. Loss estimation for landslides in mountain areas-an integrated toolbox for vulnerability assessment and damage documentation [J]. Environmental Modelling & Software, 2015,63(0): 156-169.
[54] Pavlickova K, Vyskupova M. A method proposal for cumulative environmental impact assessment based on the landscape vulnerability evaluation [J]. Environmental Impact Assessment Review, 2015,50(0): 74-84.
[55] Kohonen T. Self-organizing maps [M]. Springer, 2001.
[56] Kohonen T. Essentials of the self-organizing map [J]. Neural Networks, 2013,37(0): 52-65.
[57] Voyslavov T, Tsakovski S, Simeonov V. Surface water quality assessment using self-organizing maps and hasse diagram technique [J]. Chemometrics and Intelligent Laboratory Systems, 2012,118(0): 280-286.
[58] 于鹏. 基于一维 som 神经网络的聚类及数据分析方法研究[D]. 天津: 天津大学, 2009.
[59] Elghazel H, Benabdeslem K. Different aspects of clustering the self-organizing maps [J]. Neural Processing Letters, 2014, 39(1): 97-114.
[60] Russo T, Scardi M, Cataudella S. Applications of self-organizing maps for ecomorphological investigations through early ontogeny of fish [J]. Plos One, 2014,9(1):e86646.
[61] SOM. Self-organizing maps. Springer, 2001.
[62] 林小苹. 基于 som 和 cca 的柘林湾浮游动物群落结构及其与环境因子关系的研究[D]. 汕头: 汕头大学, 2010.
[63] Buckland M. Kohonen's self organizing feature maps. 2003.
[64] Park YS, Kwon YS, Hwang SJ, et al. Characterizing effects of landscape and morphometric factors on water quality of reservoirs using a self-organizing map [J]. Environmental Modelling & Software, 2014,55(0): 214-221.
[65] Voigt K, Brüggemann R, Pudenz S. A multi-criteria evaluation of environmental databases using the hasse diagram technique (prorank) software [J]. Environmental Modelling & Software, 2006,21(11): 1587-1597.
[66] Münzer B, Brüggemann R, Halfon E. An algebraic/graphical tool to compare ecosystems with respect to their pollution ii: Comparative regional analysis [J]. Chemosphere, 1994,28(5): 873-879.
[67] Brüggemann R, Welzl G. Order theory meets statistics-hassediagram technique [J]. Order theoretical tools in environ-

mental sciences-order theory (hasse diagram technique) meets multivariate statistics, 2002: 9-39.

[68] Voigt K, Brüggemann R, Pudenz S, et al. Environmental contamination with endocrine disruptors and pharmaceuticals: An environmetrical evaluation approach [J]. EnviroInfo Brno, 2005: 858-862.

[69] Brüggemann R, Patil GP. Ranking and prioritization for multi-indicator systems: Introduction to partial order applications [M]. Verlag New York Inc: Springer, 2011.

[70] Shen Z, Hou X, Li W, et al. Impact of landscape pattern at multiple spatial scales on water quality: A case study in a typical urbanised watershed in china [J]. Ecological Indicators, 2015,48(0): 417-427.

[71] 李琼. 洪水灾害风险分析与评价方法的研究及改进[D]. 武汉: 华中科技大学, 2012.

第 4 章

流域水污染风险信息管理系统的设计与开发

4.1 引言

在信息化社会的当今世界，社会要素呈现出高度的复杂性和实时性，因此社会要素管理模式也必须同时具有高度的复杂性和实时性，这样的管理模式才具有实用性[1]。以核心管理模式为基础，辅之以信息化软件系统为载体，才能够处理复杂结构和海量数据，并得到实时的结果。SARM 管理模式就是管理复杂环境影响要素的复杂管理模式。

根据第 2 章和第 3 章的研究内容，SARM 管理模式与 HVE 评价体系和方法体现出 4 个核心特点：

① 管理对象和管理主体高度动态化，管理方式对实时性需求程度高；

② 时空属性成为风险源环境影响评价结果的不可或缺的核心属性；

③ GIS 成为管理模式依托的主要载体；

④ 所需数据量大、间接指标多，评价模型复杂程度和实时性，直接导致运算量巨大和数据挖掘模型结构化程度高。

因此，要使这种具有极高复杂程度的管理模式具有实用价值，就必须建立一套具有先进理念的信息化管理平台，解决复杂管理模式实用性问题。

SARMIS（Sources-Areas-Receptors for Management Information System）即流域水污染风险信息管理系统，是集成硬件网络架构、相关软件群和基于 SARM 管理模式的区域风险信息化管理软件的集合，是针对区域复杂环境影响要素进行管理的信息平台。

根据风险源和敏感受体的分布，行政管理区划和管理能力，以及突发环境污染事故发生后的联动效应，决定 SARMIS 需要具有核心数据共享，多平台联动应用，核心模型云端处理等特征；同时具备接入各类环境监测传感器和处理实时海量监测数据的能力。

所以 SARMIS 采用云计算、大数据、物联网和 GIS 集成技术[2-5]。首先，采用分布式池化技术，依托各地方环境行政管理部门的信息中心服务器和工作站，将分布在不同地域的不同类型服务器池化为统一的云端数据处理服务器，增加整体性和计算能力[6]。其次，根据 SARM 管理模型，使用数据挖掘技术将评价指标计算模型进行程序化，并部署在云端，具有云端计算能力。再次，以 GIS 开发技术为核心，开发一套基于 GIS 的 B/S 架构时空化环境要素管理系统，能够根据管理和应用需要完成相应功能；并能够根据云端数据处理结果，完成灾害事故的时态仿真，动态实时分区，提供对应应急处置方法等具体使用操作。最后，分别在 IaaS（基础设施即服务）、PaaS（平台即服务）和 SaaS（软件即服务）等层级提供对应的物联网传感器集成接口，方便现有监测传感器数据和未来各种传感器信号的接入。

因此，本研究从 SARM 管理模式和系统要求入手，开展需求分析。对使用环境进行界定，构建完整的场景活动模型和平台架构，并以活动模型和平台架构为依托，开展总体功能架构设计、核心功能模块设计和数据库结构设计。最后搭建小型实验平台，对 SARMIS 进行风险分区模拟测试，并对测试结果进行分析。

4.2 设计原则

SARMIS 的设计与开发首先要满足 SARM 管理模式中各管理阶段和评价方法的功能需要，再根据运营和应用环境构建云计算、大数据、物联网和 GIS 集成架构，并使 SARMIS 能够在这个架构下部署和运营。因此 SARMIS 设计必须遵循以下原则。

（1）架构设计的整体性原则

SARMIS 的架构是一种云计算、大数据、物联网和 GIS 集成架构体系。需要以云计算架构为基础架构，在云架构 IaaS、PaaS 和 SaaS 等层开展整体性的融合。IaaS 层对区域内各环境管理行政部门提供的可供本项目使用的服务器进行池化，并将区域内 SARM 管理模式所需的指标参数数据，以及环境地理信息数据进行云存储。同时通过核心路由器提供针对在线监控传感器的响应接口，并通过 IP 地址可以获取并存储实时监测数据。在 PaaS 层部署所需的软件环境，包括 SARM 管理模式中涉及的评价分析模型（即数据挖掘模型），分布式数据库、硬件驱动以及 GIS 系统平台、开发接口和地图服务等，其中硬件驱动也包括在线监测传感器的硬件驱动程序。SaaS 层则部署 SARMIS 用于功能应用的系统软件平台。通过 IaaS、PaaS 和 SaaS 开展对各技术的深度融合，能够最大限度地保持其整体性，且提高系统的可用性和实用性[7]。同时架构设计的整体性作为基础性原则，也保障了其他设计原则的可实现。

（2）模型运算云端化原则

在整体性原则中，将 SARM 管理模式中所涉及的评价分析模型集成在 PaaS 层，从基础层面保障了模型运算的云端化原则。在此基础上，为保障云端化原则还需根据大数据的数据挖掘技术和原理对模型进行程序改造。使模型具有 3 个方面的能力：a. 有与 IaaS 层进行数据交换的能力；b. 在 PaaS 层进行数据计算的能力；c. 将计算结果进行收集、整理、存储，并被 SaaS 层实时调用的能力。

（3）功能应用具有多平台适用性原则

系统采用池化技术，实际上就是使系统获得了云端数据处理能力。也就是相关功能模块不需要考虑数据处理代码在普通应用平台的实用性问题，只需要进行相关数据发送和获取就可以实现系统功能。因此 SARMIS 需要采用 B/S 架构，并部署在 SaaS 层，提供多浏览器适用模式，以及提供主流移动操作系统的客户端等，从多方面保障功能应用的多平台适用性原则。

（4）系统设计标准性原则

系统应具有开放和可融合的特征，不能孤立地存在现有环境信息化管理体系之外，因此必须具有标准性。根据系统采用相关技术，对应国家和国际的相关标准进行系统的功能设计、代码设计和命名相关要素。同时也要遵循环境领域国家标准，保持系统中与环境领域相关要素的命名与环境领域国家标准保持一致。其中核心标准包括：《环境信息系统集成技术规范》（HJ/T 418—2007）；《环境数据库涉及与运行管理规范》（HJ/T 419—2007）；《环境信息分类与代码》（HJ/T 417—2007）；《环境信息术语》（HJ/T 416—2007）；《城市地理信息系统设计规范》（GB/T 18578—2008）；《计算机软件产品开发文件编制指南》（GB 8567—88）等。

综上所述，本研究需要根据设计原则和相关标准，达到满足平台系统规范性、先进性、实用性、开放性、可扩充性、升级简便性、安全可靠性等方面的要求。

4.3 需求分析

4.3.1 资源池化和负载均衡

SARM 管理模式在对区域风险源进行管理时，对于复杂管理模型的应用，必须通过软件平台进行辅助才能实现，并呈现出海量预算和数据量巨大的特点。在现有区域内环境行政部门软硬件的基础上，如何在不增加或者少增加硬件设备的前提下应用基于 SARM 管理模式的 SARMIS 的各项功能，这里的资源池化和负载均衡技术将成为解决问题的主要途径。

资源池化是云计算的核心技术之一，主要是在 IaaS 层通过池化软件和核心交换机，将通过网络链接起来的异地硬件资源进行整合[8]。主要包括 CPU 计算量的整合、RAM 的整合和 ROM 的整合等。使整合起来的硬件设备看起来像一台超级服务器，并在此基础上实现数据的分布式存储，以及计算资源的优化，增大计算资源的使用率和存储空间的利用率。这样就能够将不同地点的闲置资源进行最大限度的利用，满足 SARMIS 应用时对软硬件环境的需求。

实现资源池化需要从以下 3 个方面进行原理设计。

（1）构建区域网络拓扑图

设计适用于不同区域环境行政网络现状，且可随时增加或减少硬件资源网络链接结构图[9]。满足池化技术需求的同时，明确池化软硬件在拓扑图中位置和作用。此外，还要与 SARMIS 运行架构相互适应，最大限度优化 SARMIS 计算效率和使用效果。

（2）构建系统层次架构

池化技术虽然是云计算三层架构中主要应用在 IaaS 层面的技术，但是作为底层技术，直接与其他层面技术相关，这样就必须以池化技术为基础进行整体平台架构的设计[6]。

（3）IaaS 层池化软件的部署及应用

对池化在 IaaS 层的部署进行详细设计模拟测试，使之能够适应不同的网络链接架构。符合 SARMIS 平台架构对软硬环境需求的特点和运行机理。其中负载均衡技术是指将池化后的资源和计算力进行再分配的技术，其核心是负载均衡算法模型[7]。这也是池化后提高资源利用效率的必须组成部分，负载均衡模型与提供运算结构相互对应，直接影响平台架构的运行效率。

综上所述，池化技术和负载均衡技术是实现 SARMIS 平台的核心技术，也是应用的前提条件。对区域内可用于风险源管理的硬件设置进行资源池化，并辅之以合适的负载均衡模型，不仅能够解决 SARM 管理模式的需要，也是未来区域环境保护信息化管理水平提高的必由之路。

4.3.2 系统功能流程

如果说资源池化是解决 SARMIS 平台的运行环境的核心技术，那么对 SARMIS 平台中系统功能流程的拓扑关系设计，就是解决 SARMIS 平台的运行过程的核心设计。因此对系统功能流程的设计必须完成以下 3 个方面的工作。

（1）核心功能的业务流程设计

根据 SARM 管理模式整体的评价分析和管理分区的方法步骤，对应设计系统业务流的步骤和过程。在与评价和管理步骤一一对应的同时，需要辅助于程序运行辅助模块、数据库调用模块、结果表达模块以及界面和功能操作等模块。完成 SARM 管理模式理论机理模型到程序过程模型的转换，使之能够被程序化，并形成软件系统运行的基本流程。

（2）技术、方法、软件等支撑内容设计

各流程模块的核心作用，以及所需的技术、方法、软件等需要支撑内容进行设计。即针对整体的核心功能业务流程，对应关键模块所要实现的功能和效果进行定义。对实现这些功能和效果所需要的原理、技术、方法和软件环境进行说明和设计，以及功能运行时所需要的数据表名称进行命名和定义。

（3）SARMIS 平台功能架构设计

依托核心功能业务流形成 SARMIS 平台的功能架构。根据业务流和核心步骤，构建平台系统的树形模块架构图，并对模块功能进行说明；同时需要对模块随需调取的数据和运算后的结果数据进行概括和说明。

系统功能流程是本研究成果程序化的核心步骤和重要组成部分，对系统的实现和未来 SARM 管理模式的实际应用起着承上启下的作用。

4.3.3 SARM 管理模型的集成

在系统功能流程和平台总体架构的基础上，SARM 管理模式中的核心分析评价模型需要在系统平台中进行集成。核心分析评价模型主要以 AHP、SOM、HDT 和风险指数模型为基础，形成危险性等级评价模型、区域环境脆弱性评价模型、河段预测暴露性分级模型、区域影响风险分区模型和综合风险等级评价模型等。

根据以上研究，这些模型构成评价分析模型集，需要部署总体架构 PaaS。前端需要调用 IaaS 的分布式数据库进行数据交换，后端需要与 SaaS 层进行评价结果的表达。在 PaaS 层内部，评价分析模型集内部还要进行过程化衔接和数据交换。为达到以上目标，需要从以下方面进行模型的集成设计。

(1) 集成方法设计

SARM 管理模型可以分为过程模型、原理模型和调用模型等。

1) 过程模型

过程模型是指链接原理模型和调用模型之间所需数据和结果的模型，需要和程序整体的编程语言和环境保持一致。

2) 原理模型

原理模型是指本研究根据 SARM 管理模式需要构建的评价模型，或者是利用通用评价方法原理构建的复杂评价模型。这类模型具有相应的原理公式，但没有程序化代码，依托系统平台编程语言很难得出满意结果的一类评价模型。这类模型通常需要专门的数据分析软件进行程序化，并能够被现有平台架构所调用[10]。本研究主要采用 Matlab 数据处理软件作为原理模型编写和模块化软件，要求生成的模型代码段能够被系统平台架构所调用。

3) 调用模型

调用模型是指第三方成熟的评价分析软件，这些软件集成了本研究所需要的评价分析模型，并且第三方软件提供关于模型调用的 API，对于这些模型统称为调用模型。因此，系统平台需要完成对这类模型 API 的集成。

（2）数据流设计

对业务流，进行原始数据到结果数据运算的业务流设计过程称为评价分析模型集。需要对数据流过程的输入和输出数据进行说明和界定，保障 SARM 管理模型的可集成和可实现性；同时为数据库设计提供依据。

（3）界面设计

界面设计是 SARM 管理模型的集成后的表现形式，也是模型运行的控制主体。界面设计不仅需要反映业务流的功能过程，也需要反映数据流输入和输出的表现。因此，本研究需要对系统的主体界面和分区评价功能界面进行设计，同时也要对评价结果表达界面进行设计。

（4）数据库设计

依托数据流、业务流、界面设计等研究成果，以模型集成为导向，进行系统平台的数据库设计，本研究需要完成数据库结构设计和核心数据表的表结构设计。

4.3.4 分区评价功能应用

在业务流、数据流、界面设计等研究基础上，为使系统平台更具有实用性，并适应系统平台的总体架构，需要规范对系统平台的功能使用情况。因此，本研究需要对核心分区评价功能进行活动图设计，并以此为基础给出操作用例和类图架构。对分区评价功能应用进行设计，是对使用环境和过程的模拟，是功能实现的基础，也是对系统进行测试评价的依据。

4.4 总体架构设计

4.4.1 技术路线

SARMIS 整体设计与开发需要根据系统开发目标、设计原则和需求分析要求等逐步进行。其中主要工作包括网络架构设计与开发、系统架构设计、系统功能设计、核心功能开发与实现、数据库设计以及系统测评等。

因此，SARMIS设计与开发技术路线如图4-1所示。

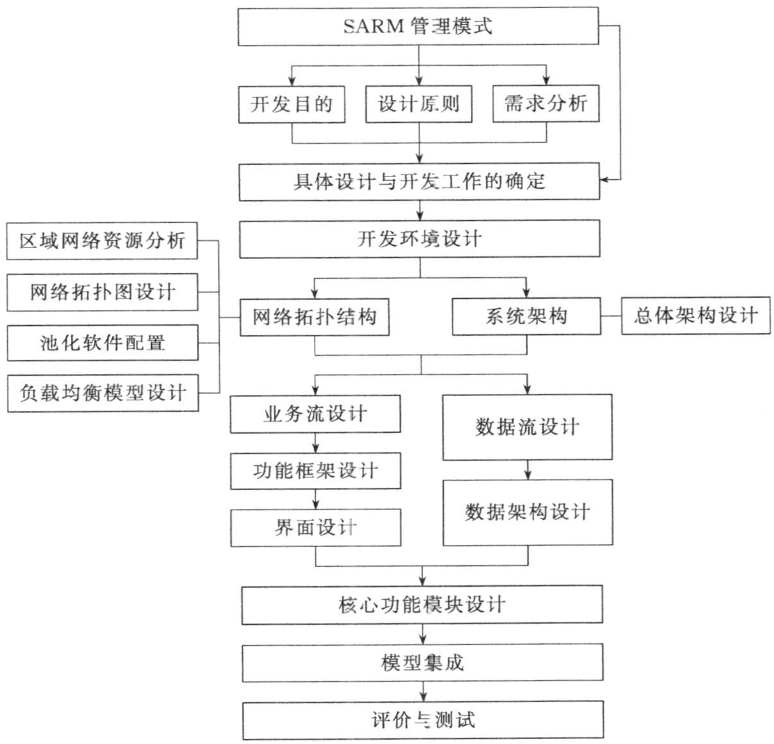

图 4-1　SARMIS设计与开发技术路线

可以明确，SARMIS管理平台必须以云计算三层技术为核心。在IaaS层集成池化软件和负载均衡软件，PaaS层集成GIS软件、数据处理软件、数据库软件和SARM管理模型等，在SaaS层集成B/S架构SARMIS功能软件。因此，需要首先确定系统软硬件环境，在根据软硬件环境给出网络拓扑架构和系统整体架构，以此为基础再开展业务流设计和数据流设计，形成软件功能体系、界面构成和数据库架构。根据本研究需要开发核心功能并集成管理模型，最后开展系统的案例实验和系统测试。

4.4.2 网络拓扑结构设计

4.4.2.1 实验网络架构

实验网络架构是指本研究可以使用的实际实验室内可供研究的服务器集群和架构，由 5 台服务器、5 台以上工作站、1 台路由器和 1 台无线路由器构成实际的网络构架，如图 4-2 所示。

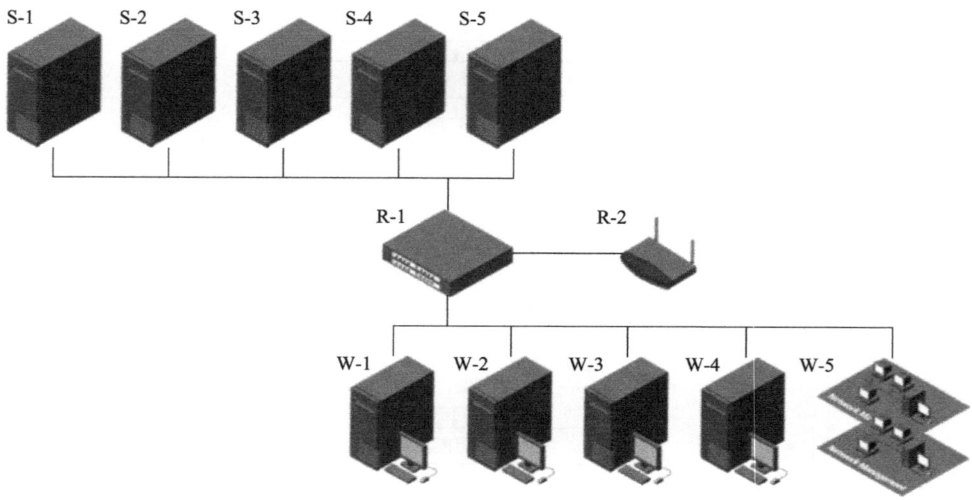

图 4-2 实验网络架构

图 4-2 中 W-5 代表数量大于 2 台工作站的编程计算机。使用 W-5 统一表示开发工作站的组合，与其他工作站、服务器和核心路由器共同构成实际网络架构。实际网络架构是本研究的基本物理底层，需要应用云计算的虚拟技术首先虚拟出实际应用的网络架构，也是本研究的模拟网络架构。通过模拟网络架构和相关技术实现本研究的研究目标。

4.4.2.2 模拟网络架构

模拟网络架构是指根据 SARMIS 实际应用时的网络架构和现有实验网络架构，通过云计算技术模拟出和实际网络架构类似的模拟网络架构，用来研发 SARMIS 系统平台和 SARMIS 具体的应用环境，验证 SARM 管理模式的实际使用状态。以哈尔滨环境行政单位的层级和分布为例，包括1个市级信息中心和18个区县服务器机房，其中市级中心有6台服务器和一台核心交换机，区县机房一般都有1～2台服务器可以用于风险源管理，因此构成了两级拓扑网络架构。

根据哈尔滨实际网络拓扑关系，需要利用虚拟技术和池化技术模拟出实际的网络拓扑关系。模拟的主要设计内容包括：

① 使用S-1和S-2进行池化技术验证，模拟将实际网络环境内可接入服务池化后的状态，形成资源池（Resource Pool）；

② 使用S-3虚拟出1部磁盘阵列（RAID）和1部备份服务器（BBD）；

③ 使用S-4虚拟出2台核心交换机（Core switch）、1台负载均衡服务器（LB）、1部网络安全硬件网关（NSE）、1台实时数据处理调度服务器（TBS）、1台池化服务器和虚拟化控制服务器（VPC）等；

④ 使用S-5虚拟出1台GIS空间数据服务器（GDS）、1台核心模型运算服务器（CMM）和1台数据库服务器（DBS）等；

⑤ 使用W-1作为实时信号模拟发送机，模拟20部以上风险源在线监测传感器（Monitoring Sensor）；

⑥ 使用W-2模拟3台以上用户终端（ST）；

⑦ 使用W-3作为网络优化服务器（NOE），显示器可以作为系统网络运行状态显示屏（NRD）；

⑧ 使用W-4作为系统开发平台（Work Station）；

⑨ 使用R-1作为核心交换机（Core Routers），使用R-2作为模拟基站发送无线信号（Base station）。

因此模拟出的网络拓扑关系如图4-3所示。

模拟出的网络拓扑关系可以与实际哈尔滨环境保护行政部门提供的基本硬件底层构成的网络架构相对应。需要说明的是资源池是由池化不同地域的服务器所构成的，其中也包括主要计算中心提供的核心服务器。这个资源池是SARMIS系统主要的载体，也是计算力的主要体现。

综上所述，为开发和验证SARMIS系统平台，实现SARM管理模式，需要依托实验室现有的硬件资源，利用云计算和GIS等相关技术模拟出现实网络环境，实现SARMIS系统开发和设计等研究的同时也解决实际系统应用中计算能力和硬件资源不足的问题。

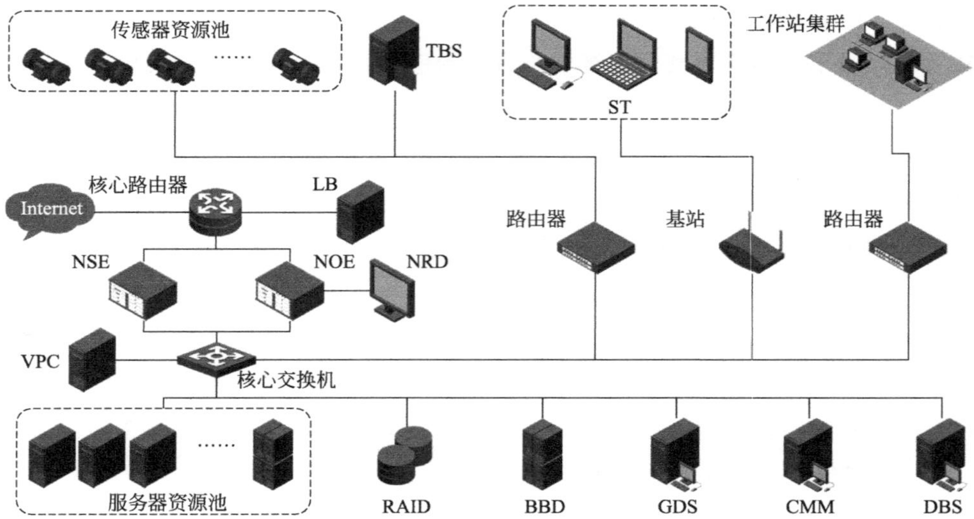

图 4-3 模拟网络拓扑关系

4.4.3 系统架构设计

根据需求分析和网络模拟架构，进行系统架构设计。SARMIS 系统架构核心是云计算三层架构，包括集成物联网、大数据和 GIS 技术，形成系统的整体规划。运用包括 VMware、ArcGIS 和 Matlab 等第三方工具软件，规划和部署整个平台，并且可以完整形成部分功能，最终完成系统的总体目标。

SARMIS 系统平台的整体架构如图 4-4 所示。

SARMIS 系统平台架构整体采用 IaaS、PaaS 和 SaaS 三层架构，其中各层内部也有不同层级架构。IaaS 层是基于底层硬件资源，辅助于硬件驱动程序、Net 框架和网络通信协议，在此基础之上使用资源池化和虚拟化应用软件来完成 IaaS 层的整体功能和架构。PaaS 层内则有 5 类不同层级，分别是数据库、IDC 构架、基础应用软件和这些软件提供的中间件，以及第三方模型软件和本研究的 SARM 管理模式的核心模型等。SaaS 层则为具体的应用层级，根据 SARMIS 应用系统功能架构，通过浏览器实现 SARMIS 具体功能。IaaS、PaaS 和 SaaS 三层架构与这三层架构中内部层级，以及环境保护信息标准化体系和安全保障及运维管理体系共同构成 SARMIS 系统平台总体架构。

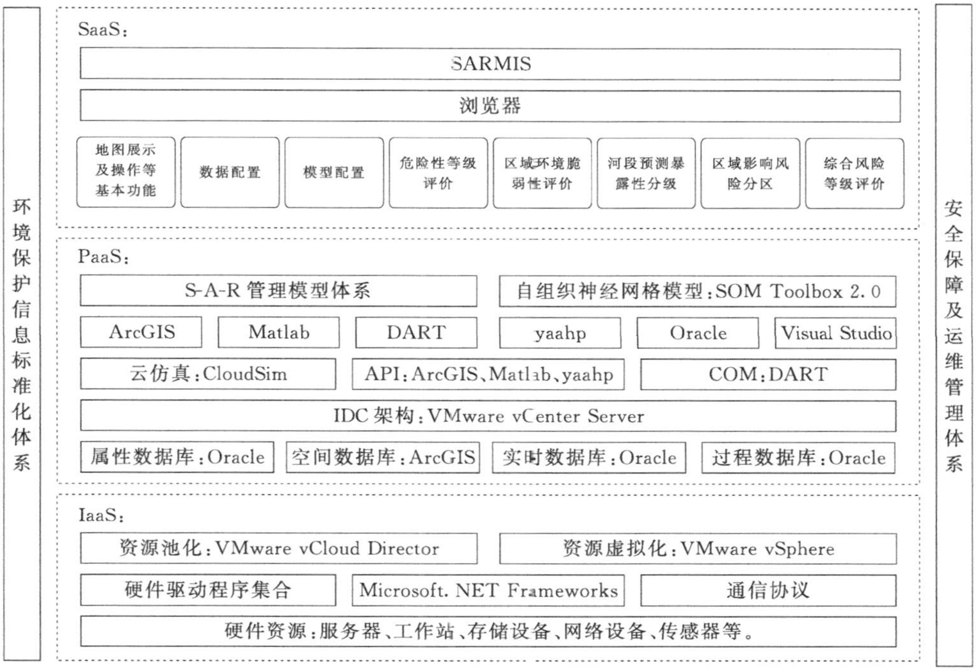

图 4-4　SARMIS 系统平台整体架构

4.4.4　业务流设计

本研究的业务流程是指根据 SARM 管理模式中具体管理流程，通过软件开发技术实现程序化的具体流程。因此对业务流的设计也主要是对 SARM 管理模式实现所涉及的核心应用功能进行设计，主要内容包括空间数据库、属性数据库、评价模型的配置，以及危险性等级评价、区域环境脆弱性评价、河段预测暴露性分级、风险动态分区评价、风险峰值分区评价和区域综合风险评价等功能的实现。

SARMIS 系统业务流程如图 4-5 所示。

要实现 SARM 管理，首先要通过 SARMIS 系统进行基本空间数据和属性数据，以及评价模型的配置，要能够实现数据的增删改查、模型与数据字段的匹配以及成果图表达等功能。这些功能都集成在 SARMIS 系统 PaaS 层中，生成可以使用的属性、方法、类和接口等功能要素集合。再根据要素集实现危险性等级评价、区域环境脆弱性评价和河段预测暴露性分级等功能对数据库和模型的调用，

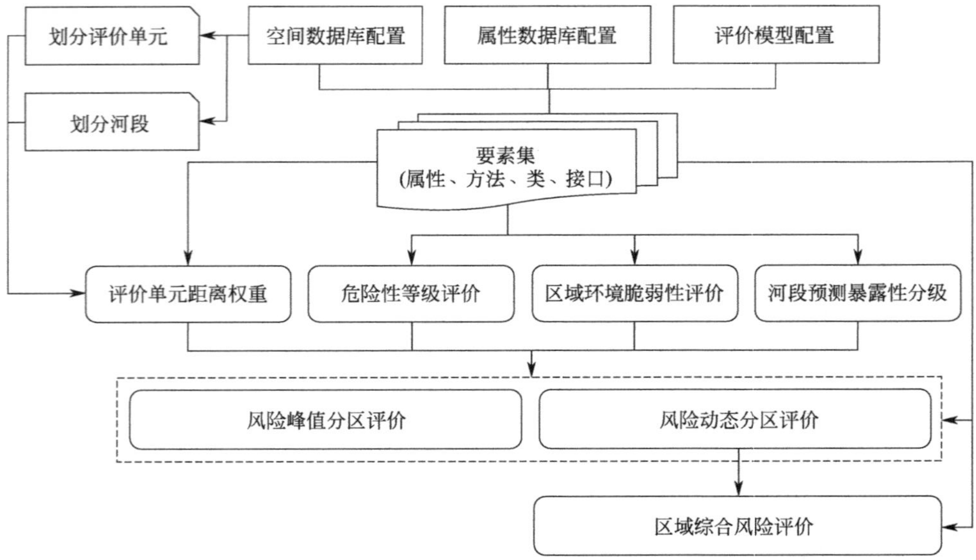

图 4-5 SARMIS 系统业务流程

并生成相应的区域风险源评价结果。在进行风险动态分区评价和风险峰值分区评价，需要调用危险性等级评价、区域环境脆弱性评价和河段预测暴露性分级和评价单元距离权重计算等结果。评价单元距离权重则根据空间数据库划分区域评价单元和划分河段计算得出。对于区域综合风险评价则需要在现动态分区评价成果基础上进行，通过调用系统要素集进行运算得到评价结果。

4.4.5 系统功能框架设计

根据 SARMIS 系统业务流程和管理模式的需要，将 SARMIS 分为空间数据库管理、属性数据库管理、模型管理、危险性等级评价、区域环境脆弱性评价、河段预测暴露性分级、评价单元距离权重、风险峰值分区评价、风险动态分区评价、区域综合风险评价和系统管理 11 个模块。SARMIS 功能框架如图 4-6 所示。

空间数据库和属性数据库管理模块主要功能是对区域内风险源相关地理信息数据和业务数据进行管理，主要功能包括对具体数据的增删改查和对相关实时更新数据表结构的修改等。此外，空间数据信息要能够通过 GIS 界面进行展示，

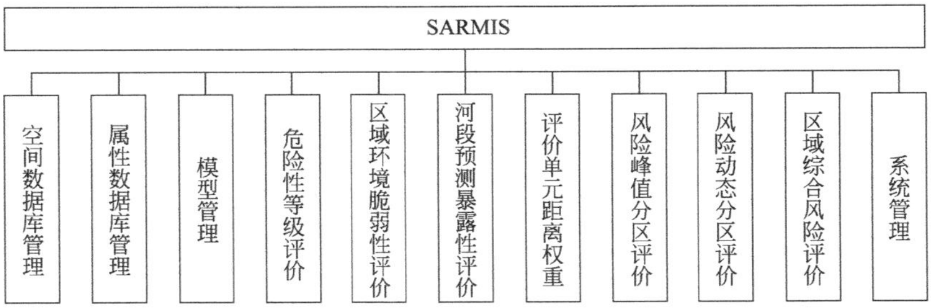

图 4-6 SARMIS 功能框架

地理空间要素可以和业务数据相互匹配，业务数据可以通过地理空间要素在 GIS 界面进行表达和检索查询。

模型管理模块是 SARMIS 对 SARM 管理核心模型进行管理的模块，主要功能包括模型的集成，数据与模型参数的匹配，模型测试和针对空间数据进行简单统计分析。

SARM 管理模式核心模块为危险性等级评价、区域环境脆弱性评价、河段预测暴露性分级、风险动态分区评价、风险峰值分区评价和区域综合风险评价 6 个模块。这 6 大模块是 SARM 管理实现和成果运算和表达的核心模块，主要功能包括匹配相关空间数据和属性数据、匹配和调用相关模型、运算并生成评价结果，以及对评价结果进行管理和存储。但这 6 大模块对相同区域进行管理和评价时具有一定的顺序关系，其中危险性等级评价、区域环境脆弱性评价、河段预测暴露性评价 3 个模块可以独立计算；风险动态分区评价和风险峰值分区评价是 2 个并行计算模块，评价必须依托危险性等级评价、区域环境脆弱性评价、河段预测暴露性评价 3 个模块和评价单元距离权重模块的成果，否则不能进行运算。区域综合风险评价模块必须依托风险动态分区评价模块成果，否则不能进行运算。

评价单元距离权重模块是较特殊的过程计算模块，它依托于空间数据库管理模块计算出单元距离权重，其结果被风险动态分区评价和风险峰值分区评价 2 个模块所调用。它是风险动态分区评价和风险峰值分区评价 2 个模块使用前必须完成的过程模块，但是其计算结果为过程数据。因此评价单元距离权重模块主要功能是调用空间数据库管理模块，实现对评价单元和河段信息的调用；计算出评价单元距离权重并储存。

系统管理模块是 SARMIS 的整体管理模块，包括用户管理、使用信息管理、数据备份恢复以及过程数据存储等功能[1]。因为 SARMIS 是 B/S 架构软件，因此系统管理模块具有一定权限可见性，非管理员使用界面不显示系统管理模块。

4.4.6 系统界面设计

系统界面采用经典“T”形布局，顶部放置 LOGO 及主页、分享、联系方式等系统通用功能部件；左侧放着系统功能板块，主要板块包括系统分析、空间数据、属性数据和系统管理。

各板块包含模块集。系统功能板块主要包括系统评价的相关模块，如危险性等级评价模块等；下设与模块相对应的配置模块，如数据配置等；以及评价结果列表，可查看相应的过程数据和结果数据。空间数据板块包括地图基本操作，如放大缩小等；空间数据编辑，如风险源点要素添加等。属性数据板块包括相关数据表的管理，包括对数据表的增删改查等。系统管理板块包括数据备份、使用记录等；管理员用户使用时，增加对系统用户的管理模块。

右侧是空间数据及成果展示区域，包括地图展示，图层设置，空间数据的查询检索，以及地图放大、缩小和重置操作。

SARMIS 系统界面可参照第 5 章的图 5-27。

4.5 数据库架构设计

4.5.1 ArcGIS 空间数据库的构建

ArcGIS 空间数据库通过 ArcCatalog 分类分层建立 Geodatabase 格式数据库，坐标系采用西安 80、3 度分带，投影采用高斯-克吕格。数据库包含矢量要素集和栅格要素集：矢量数据集又划分基础数据集（Basic data）、环保数据集（Env-data）、分析数据集（Anal-data）和其他数据集（Other data）；栅格数据集包含影像、高程、数据分析栅格等。各矢量数据集根据需求建立要素层，要素层按照拓扑类型分为点要素、线要素、面要素和注记要素。数据库、要素集和要素各层的命名受到平台开发环境的约束，以英文命名且字符长度不得多于25个字符。空间数据库要素命名及注解见表4-1，空间数据库要素结构如图4-7所示。

表4-1　空间数据库要素命名及注解

名称	名称注解	类型	名称	名称注解	类型
ArcGIS Geodatabase	ArcGIS空间数据库	数据库	RISK_SOU	风险源	点要素
			W_MONI	水质监测点	点要素
Basic data Feature class	基础数据集	要素集	E_S_SITE	环保监督岗位	点要素
Env-data Feature class	环保数据集	要素集	E_E_BASE	环保教育基地	点要素
Anal-data Feature class	分析数据集	要素集	SEW_P	污水处理厂	点要素
Other data Feature class	其他数据集	要素集	WS_WELL	地下水水井	点要素
Raster Catalog	栅格数据集	要素集	FIS_LAB	渔网点	点要素
A_DIS	行政区注记	注记要素	R_S_CEN	单元格河流断面中心点	点要素
A_ROAD	道路注记	注记要素			
A_RIVER	河流注记	注记要素	U_W_QUA	单元格水质提取点	点要素
A_RESE	水库注记	注记要素			
A_LAKE	湖泊注记	注记要素	DIS_LINE	行政界线	线要素
A_POLICE	公安注记	注记要素	RIV_LINE	线状河流	线要素
A_FIRE	消防注记	注记要素	ROA_LINE	线状公路	线要素
A_HOSP	医院注记	注记要素	W_S_LINE	水源地边界线	线要素
A_SCHO	学校注记	注记要素	P_A_LINE	保护区边界线	线要素
A_OTHER	其他注记	注记要素	FISHNET	渔网	线要素
A_RISK	风险源注记	注记要素	DISTRICT	行政区	面要素
A_W_MON	水质监测点注记	注记要素	ROAD	公路	面要素
A_ES_SITE	环保监督岗位注记	注记要素	RIVER	河流	面要素
A_E_BASE	环保教育基地注记	注记要素	LAND_USE	土地利用	面要素
A_SEW_P	污水处理厂注记	注记要素	RESERVOIR	水库	面要素
A_WELL	地下水水井注记	注记要素	LAKE	湖泊	面要素
A_W_SOU	水源地注记	注记要素	W_SOU_L1	水源地一级保护区	面要素
A_PRO_A	自然保护区注记	注记要素	W_SOU_L2	水源地二级保护区	面要素
A_UNIT	评价单元注记	注记要素	W_SOU_L3	水源地准保护区	面要素
A_RS_CEN	单元格河流断面中心点注记	注记要素	PR_AREA	自然保护区	面要素
			ASS_UNIT	评价单元	面要素
A_UW_QU	单元格水质提取点注记	注记要素	INF_AREA	事故影响区域	面要素
			BUFF_L1	河流一级缓冲区	面要素
D_CENTER	行政中心	点要素	BUFF_L2	河流二级缓冲区	面要素
POLICE	公安	点要素	BUFF_L3	河流三级缓冲区	面要素
FIRE_CON	消防	点要素	DEM	高程	栅格要素
HOSPITAL	医院	点要素	IMAGE	遥感影像	栅格要素
SCHOOL	学校	点要素	SHADOW	山体阴影	栅格要素
OTH_POI	其他兴趣点	点要素	IDW_INT1…IDW_INTn	空间插值	栅格要素

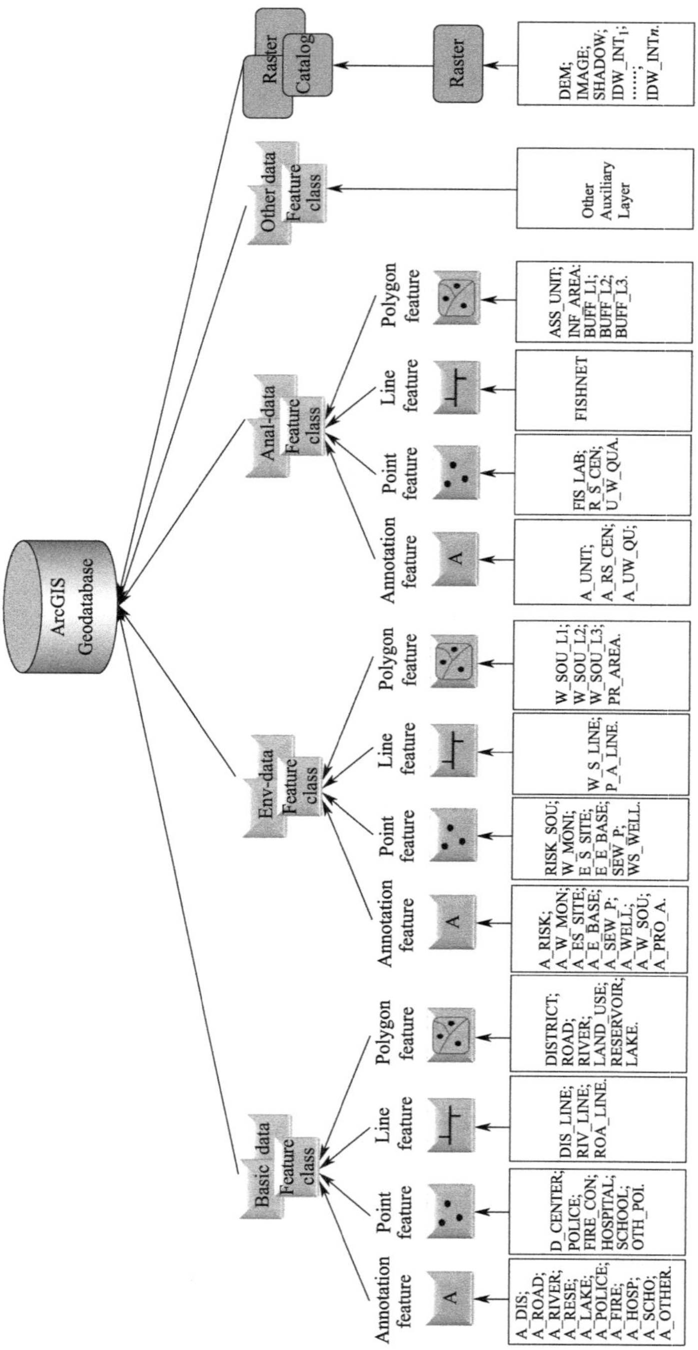

图 4-7　空间数据库要素结构

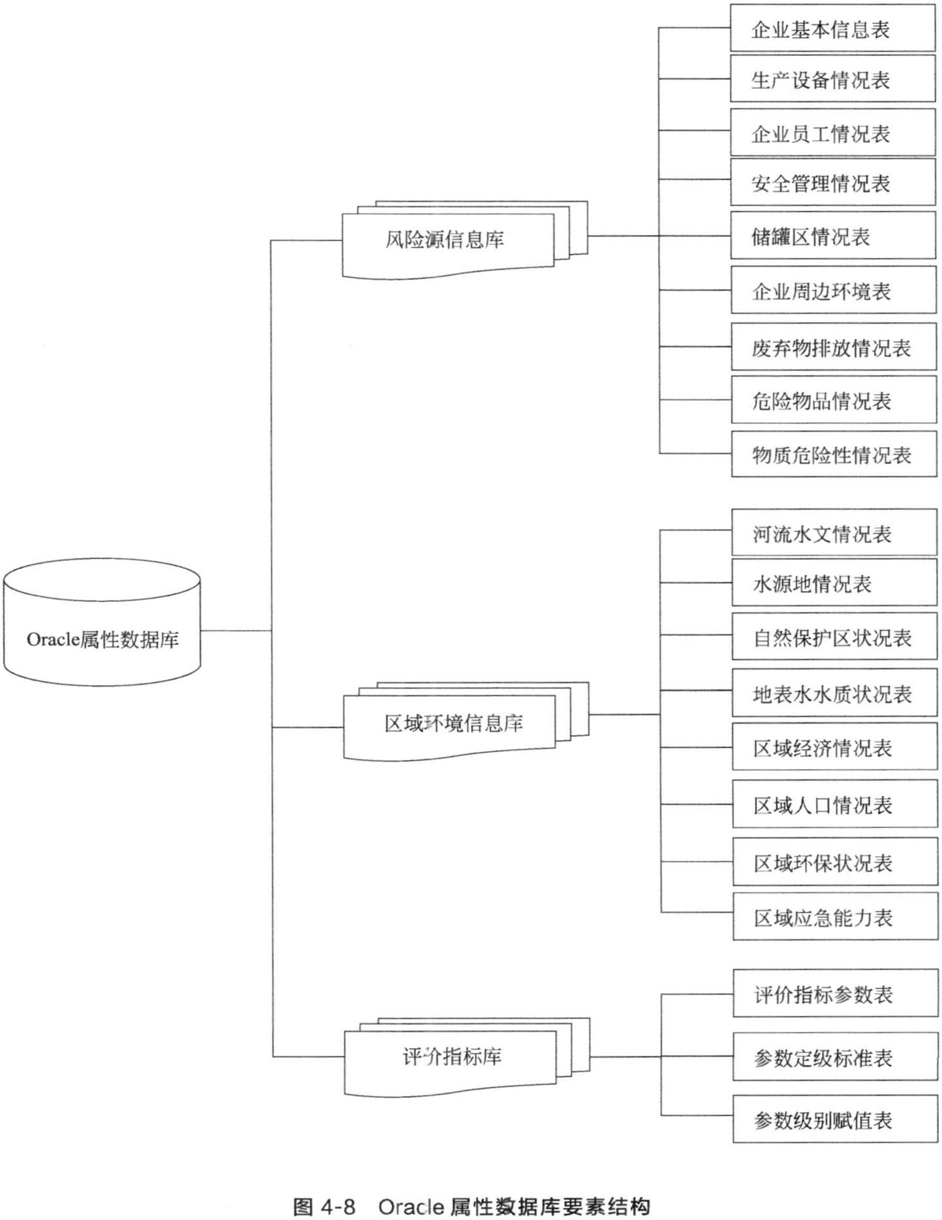

图 4-8 Oracle 属性数据库要素结构

4.5.2 Oracle 属性数据库的构建

属性数据库的构建满足关系型系统数据的需求和对整个研究项目的数据进行信息化支撑的要求，可以将研究区域风险源基础资料、区域环境信息进行整理、设计研究区环境风险源信息库。本书关系型数据库采用 Oracle 数据库格式，采用 PowerDesigner 的实体-关系模型（E-R 模型）进行数据库物理结构设计。

属性数据需求：包括社会经济、水文水质、企业信息、危险物质属性信息、相关污染物环境标准、敏感受体等一系列评价指标需求信息，以及一些相关的辅助信息。

Oracle 属性数据库要素结构见图 4-8。

4.6 核心功能程序模型设计

4.6.1 危险性等级评价功能

危险性等级评价是 SARM 管理模式核心模型的第一步，要对风险源的危险性进行等级划分。根据评价过程和方法，设计危险性等级评价程序模型，并以该程序模型为核心开发形成危险性等级评价模块。危险性等级评价程序模型如图 4-9 所示。

程序模型首先需要对模型运行的数据进行配置，评价指标及对应数据从属性数据库中获得，并与空间要素相互对应。根据配置好的指标，分别开始参数标准化计算和 SOM 风险源聚类计算。参数标准化计算需要调用集成在系统的数据标准化模块，SOM 计算则通过 Matlab GUI 调用 SOMToolbox 提供的模型。在 HDT 等级排序之前，需要先对 SOM 聚类后的结果计算参数均值，通过调用 Dart 的 COM 实现 HDT 聚类排序计算；最后生成危险性等级划分结果，并在系统中表达和存储。同时，本研究将 SOM 和 HDT 统称为核心评价模型。

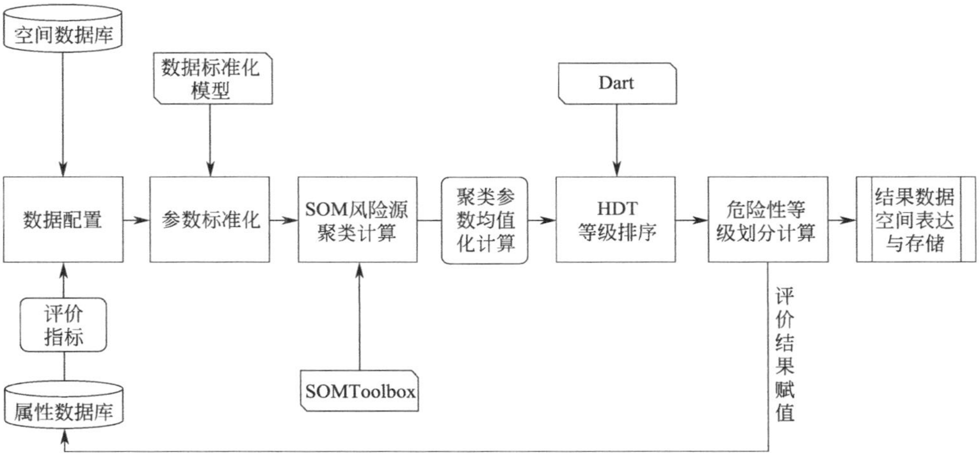

图 4-9 危险性等级评价程序模型

4.6.2 区域环境脆弱性评价功能

区域环境脆弱性评价是 SARM 管理模式核心模型的第二步，是评价指标最多的程序模型。其过程与危险性等级评价程序模型基本相同，但前提需要提供评价单元，导入空间数据库并参与数据配置。通过核心评价模型得出的区域环境脆弱性评价结果值也要赋值到评价单元数据表中，成为这数据表的结果属性。最后在通过展示模块对结果进行调用，完成表达和储存等功能。区域环境脆弱性评价程序模型如图 4-10 所示。

4.6.3 河段预测暴露性分级功能

河段预测暴露性分级是 SARM 管理模式核心模型的第三步，与危险性等级评价、区域环境脆弱性评价共同构成区域风险动态分区评价和风险峰值分区评价的基础。前三步评价同时使用核心评价模型，其计算顺序不分先后。河段预测暴露性分级是其中评价指标较少的程序模型，但与区域环境脆弱性评价类似，需要先进行河段的划分并录入到空间数据中，其计算结果也需要赋值到河段数据表中。河段预测暴露性分级程序模型如图 4-11 所示。

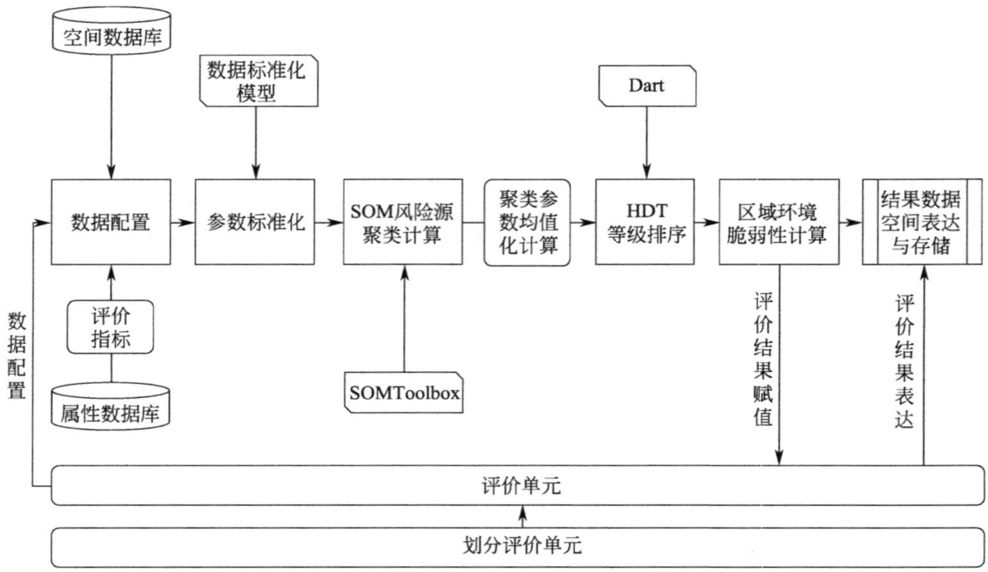

图 4-10 区域环境脆弱性评价程序模型

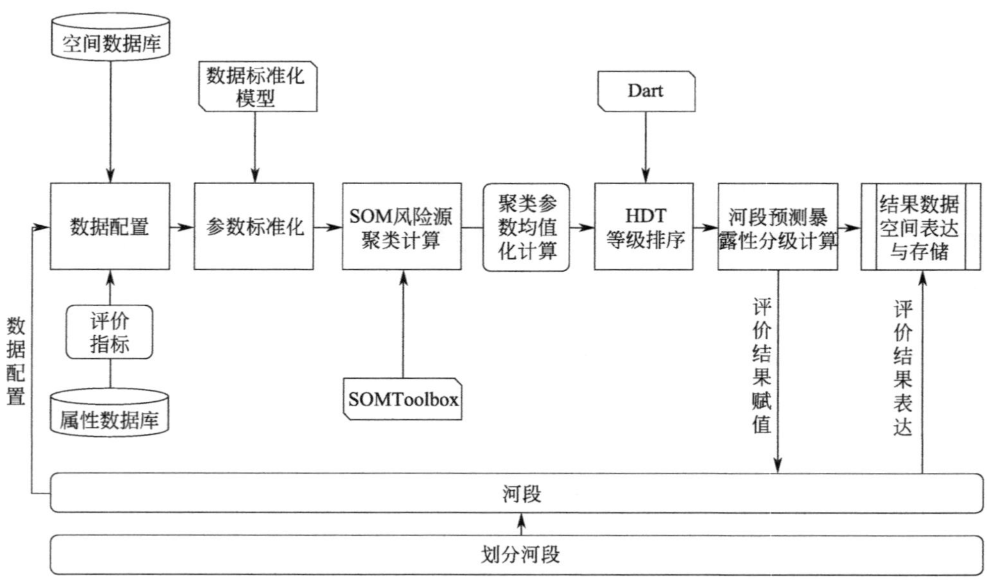

图 4-11 河段预测暴露性分级程序模型

4.6.4 评价单元距离权重功能

评价单元距离权重是影响区域风险分区的必要条件，是空间分析方法，不需要调用核心评价模型和属性数据库中的评价指标数据。但评价单元距离权重依托于区域环境脆弱性评价中的评价单元数据表和河段预测暴露性分级中的河段数据表。先对河段数据进行缓冲分析，再与评价单元进行叠加分析，形成评价单元距离权重计算结果。将计算结果赋值给评价单元数据表，最后通过展示模块调用评价结果。评价单元距离权重程序模型如图 4-12 所示。

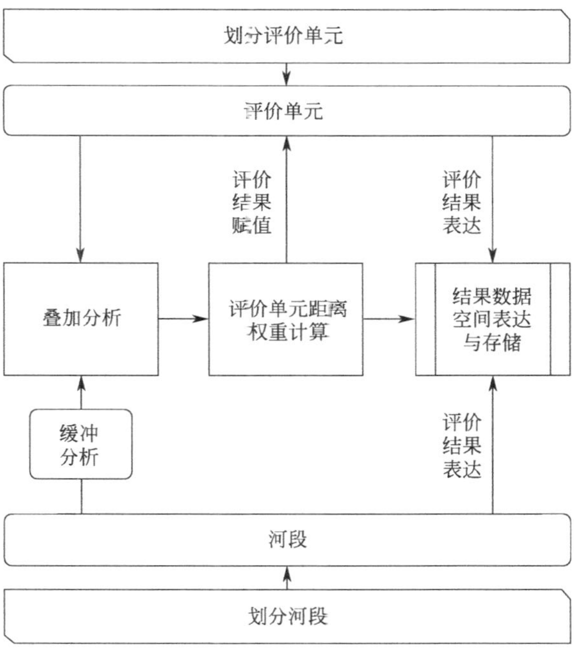

图 4-12 评价单元距离权重程序模型

4.6.5 风险动态分区评价功能

风险动态分区评价是 SARM 管理模式核心模型的第四步，是依托前三步评价结果和评价单元距离权重进行计算而完成的。通过 4 项结果数据，载入 R_{rjt} 计算公式计算出评价结果，生成分区空间要素层，存储到空间数据库中。最后通过展示模块调用空间数据库中的计算结果图层，完成结果数据的表达和储存。风险动态分区评价程序模型如图 4-13 所示。

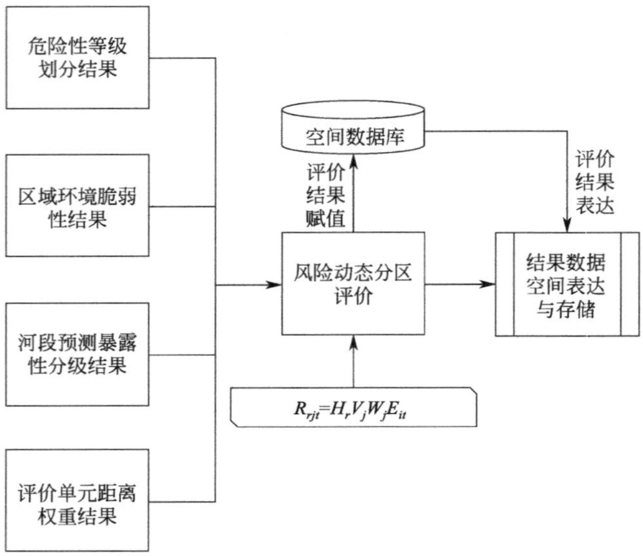

图 4-13 风险动态分区评价程序模型

4.6.6 风险峰值分区评价功能

风险峰值分区评价是 SARM 管理模式核心模型的第五步，与风险动态分区评价为并行模块，也是依托危险性等级结果、脆弱性等级结果、暴露性等级结果和评价单元距离权重进行计算而完成的。其程序模型和风险动态分区评价程序模型基本相同，但载入的是 $R_{rj\max}$ 计算公式。风险峰值分区评价程序模型如图 4-14 所示。

4.6.7 区域综合风险评价功能

区域综合风险评价是 SARM 管理模式核心模型的最后一步，依托风险动态

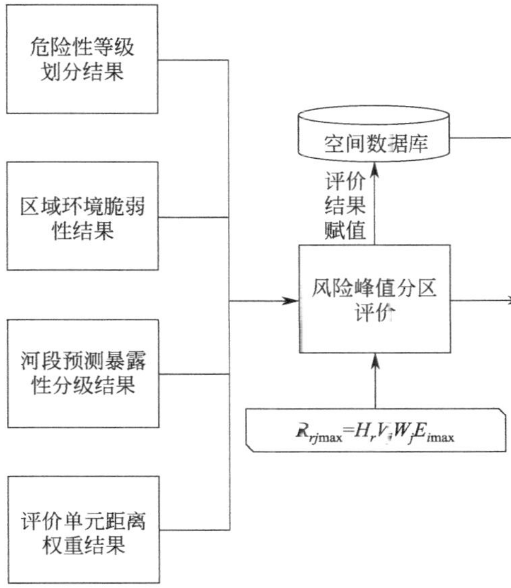

图 4-14　风险峰值分区评价程序模型

分区评价计算结果进行评价。调用 R_r 计算公式，完成区域综合风险评价，将评价结果存储到属性数据库中。最后通过展示模块调用属性数据库中的结果，以及与其对应的空间数据，完成结果的表达和存储。区域综合风险评价程序模型如图 4-15 所示。

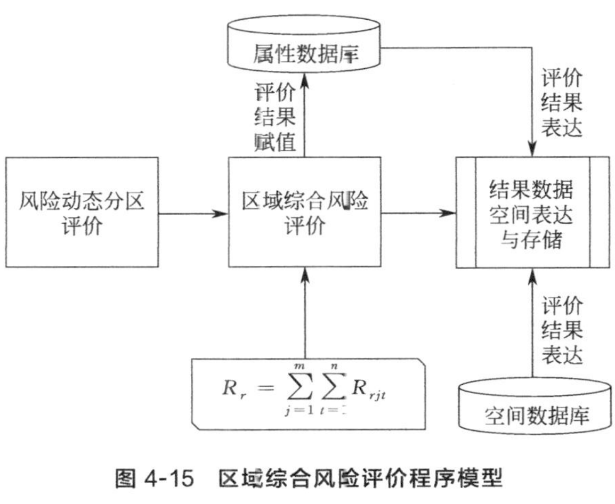

图 4-15　区域综合风险评价程序模型

综上所述，核心程序模型是SARM管理模式的组成部分，是设计管理的理论和成果基础。而对核心程序模型进行设计，不仅能够厘清SARM管理模式的功能关系，也能够完成对评价过程的细化控制。使SARMIS实用性更强，结果更具体明确。

4.7 模型集成

SARMIS功能实现的核心是评价模型的集成。从系统架构层面，评价模型位于PaaS的最顶层，起到承上启下的调度作用。向下与第三方软件功能模块和数据库相互衔接；向上与应用功能相互作用，共同完成SARM管理模式所需的各项要求。但从集成方法上可以分为Matlab GUI调用、API接口调用和COM组件调用三种。其中SOMToolbox及简单评价模型采用Matlab GUI调用，即先在Matlab工具软件中编程，再通过C#.NET进行调用。yaahp属于API接口调用，yaahp提供开放的层次分析模型API接口和源代码，因此可以通过C#.NET进行调用，完成相应功能。DART属于COM组件调用，因为DART属于C#.NET程序，其COM组件完整，与本系统可以兼容。先通过计算得到成果数据，在通过C#.NET编写中间件完成调用。在具体评价过程中，需要对模型进行数据配置才能完成计算。同时，根据具体研究区域的不同，可以通过程序模型的过程配置选择是否执行第三方的评价模型。

4.8 测试评价

对SARMIS平台进行测试，测试结果如表4-2所列。

表 4-2　SARMIS 测试评价分析

<table>
<tr><th colspan="3">测试指标</th><th>SARMIS</th><th>分步分软件</th><th>备注</th></tr>
<tr><td colspan="3">总体完成时间</td><td>0.5h</td><td>5h</td><td></td></tr>
<tr><td colspan="3">数据配置时间</td><td><60s</td><td>>300s</td><td>以“区域环境脆弱性评价”模块为测试实例</td></tr>
<tr><td colspan="3">参数标准化</td><td>1.32s</td><td>0.98s</td><td></td></tr>
<tr><td rowspan="2">核心评价模型运行时间</td><td colspan="2">SOM</td><td>1.96s</td><td>1.11s</td><td></td></tr>
<tr><td colspan="2">HDT</td><td>1.76s</td><td>0.99s</td><td></td></tr>
<tr><td colspan="3">使用平台</td><td>多平台</td><td>单一平台</td><td></td></tr>
<tr><td colspan="3">PC 端成果展示时间</td><td>2.76s</td><td>3.27s</td><td rowspan="5">以“区域影响风险分区”模块的成果展示为测试实例</td></tr>
<tr><td rowspan="4">移动端成果展示速度</td><td rowspan="2">手机</td><td>iOS</td><td>4.11s</td><td>—</td></tr>
<tr><td>Android</td><td>4.38s</td><td>—</td></tr>
<tr><td rowspan="2">平板电脑</td><td>iOS</td><td>3.61s</td><td>—</td></tr>
<tr><td>Android</td><td>3.79s</td><td>—</td></tr>
</table>

首先，手动分步分软件计算，操作步骤烦琐，数据配置工作量大，并且成果兼容性差。不同软件间数据调用困难，需要认真细致匹配才能完成。而 SARMIS 操作简便，系统数据统一，结果表达效果明显；同时克服过程数据间的转换，大大节省了时间，提高了工作效率。

其次，单就每一步评价来说，SARMIS 的计算效率与原系统计算效率较接近。虽然大部分本系统运行速度高于 SARMIS 的计算速度，但由于采用计算能力强的池化服务器，可将计算效率的差距降低到最小。

最后，SARMIS 的使用平台呈现多样化，而手动分步分软件则对载体的软硬环境要求相对苛刻，只能在安装所有软件环境的 Microsoft. NET Framework PC 运行。因此 SARMIS 大大提高了 SARM 管理模式的可用性和实用性；同时，SARMIS 在不同平台上运行时功能的实现速度有相对差距。虽然模型是在服务端完成计算，但由于系统硬件的计算能力和网络数据传输能力的不同，导致数据结果的表达和调用上出现了差别。因此 SARMIS 应在数据处理结果的压缩和表达方面进一步提高。

综上所述，本章依据 SARM 风险管理模式及评价方法体系，立足于风险管理者的需求搭建了流域水污染风险信息管理系统，主要得出以下结论：

① 通过运用云计算、大数据、物联网和 GIS 集成技术，实现 SARM 复杂管

理模式对软硬环境需求，形成符合流域水污染风险管理信息化条件现状的物理资源整合方案。

② 完整设计基于云计算的三层系统架构，明确 SARM 管理模式核心评价模型的集成模式、技术和方法。

③ 通过对 SARMIS 总体设计、业务流程设计、界面设计和核心程序模型设计等工作，实现完整的 SARMIS 设计方案和功能步骤，并实现了核心功能。

④ 对 SARMIS 进行测评，并与现有手动分步骤分软件管理模式进行对比分析后发现，SARMIS 具有整体性强，使用效率高，多平台兼容性好的特点，使用户体验大大提高，SARM 管理模式具有实际应用价值，并对区域性风险源管理具有普遍适用性。

参考文献

[1] Bunch MJ, Dudycha DJ. Linking conceptual and simulation models of the cooum river: Collaborative development of a gis-based dss for environmental management[J]. Computers, Environment and Urban Systems, 2004, 28(3): 247-264.

[2] Jacobs G, Bayerl PS. Chapter 17-accounting for cultural influences in big data analytics[M]. Akhgar B, Arabnia GBSR, Staniforth RH, et al. (eds). Application of big data for national security. Butterworth-Heinemann, 2015, 250-260.

[3] Shin D. A socio-technical framework for internet-of-things design: A human-centered design for the internet of things[J]. Telematics and Informatics, 2014, 31(4): 519-531.

[4] Gao S, Li L, Li W, et al. Constructing gazetteers from volunteered big geo-data based on hadoop[J]. Computers, Environment and Urban Systems, 2014.

[5] Vitolo C, Elkhatib Y, Reusser D, et al. Web technologies for environmental big data[J]. Environmental Modelling & Software, 2015, 63(0): 185-198.

[6] Fustes D, Cantorna D, Dafonte C, et al. A cloud-integrated web platform for marine monitoring using gis and remote sensing. Application to oil spill detection through sar images[J]. Future Generation Computer Systems, 2013.

[7] Hwang K, Dongarra J, Fox GC. Distributed and cloud computing: From parallel processing to the internet of things[M]. Morgan Kaufmann, 2013.

[8] Markovic DS, Zivkovic D, Branovic I, et al. Smart power grid and cloud computing[J]. Renewable and Sustainable Energy Reviews, 2013, 24(0): 566-577.

[9] Marinescu DC. Chapter 4 - cloud computing: Applications and paradigms[M]. Marinescu DC(ed). Cloud computing. Boston: Morgan Kaufmann, 2013: 99-130.

[10] Pei YS, Zhang KJ, Liu XG. Environmental risk management with the aid of city emergency response system in nanning city[J]. Procedia Environmental Sciences, 2010, 2(0): 2012-2019.

第 5 章

SARMIS 在松花江流域哈尔滨段应用

5.1 引言

本章以松花江流域哈尔滨市域为例开展水污染环境风险评价方法及 SARMIS 的应用研究，用以验证管理模式的科学性、评价方法的合理性及平台的实用性。哈尔滨市作为中国最北方的省会城市，其环境风险具有一定的代表性，因其坐落位置为松花江干流的上游段，对吉林境内的第二松花江和松花江干流的下游段起着承上启下的作用。因此，以松花江流域哈尔滨市域范围为研究对象具有一定的代表性，能够很好地验证水污染环境风险评价方法的合理性及 SARMIS 平台的实用性。

5.2 研究实例区域概况

(1) 地理位置及行政区划

哈尔滨市位于中国的东北部，为黑龙江省省会，副省级城市，是东北部政治、经济和文化的中心，坐标范围为东经 125°42′～130°10′，北纬 44°04′～46°40′。哈尔滨市辖 9 区 7 县代管 2 个县级市，市域面积约 5.31 万平方千米，其中市区面积约 1.02 万平方千米，县级市面积 1.64 万平方千米，周边县区面积约 2.65 万平方千米。9 区分别为道里区、道外区、南岗区、香坊区、平房区、松北区、呼兰区、阿城区和双城区；2 个县级市为尚志市和五常市；7 县分别为依兰县、巴彦县、木兰县、通河县、宾县、方正县和延寿县。

(2) 气候及地势

哈尔滨市为温带大陆季风气候，冬天长夏天短，全年气温在－42.6～39.2℃之间，年平均温度 4.25℃。年降水量 590mm，主要降水期在 6～9 月，该期间降水量占到全年降水量的60%[1]。降雪期主要集中在每年的11月至次年1月，无霜期天数164d。光照时间2152.1h，空气湿度达到70%。地势东南部最高，南部、西部及西北部较高，东部较低，高程范围在114～638m之间。地形包含山地、丘陵和平原3个级别，其中山地占总土地面积的34%，丘陵占20.7%，平原占45.3%。

（3）社会人文

根据《哈尔滨统计年鉴2019》统计数据，2018年，哈尔滨市区域总人口951.54万人，其中市区人口550.95万人，辖县（市）人口400.59万人，人口密度179.6人/平方千米，全市人口自然增长率为0.4‰。农业人口与非农业人口比例1∶0.97，男女比例1∶1均衡。未成年人占总人数的13.66%，60岁以上老年人占21.69%。城市生活用水量12027万吨/年，自来水普及率100%，居民生活用电量409253万千瓦时/年，天然气销售总量77436万立方米[2]。

（4）经济发展

2018年全市地区生产总值为6300.5亿元，其中第一产业525.5亿元，占生产总值的8.34%；第二产业1689.3亿元，占生产总值26.81%；第三产业4085.7亿元，占生产总值的64.85%。常住人口人均地区生产总值5.78万元。

第二产业中工业生产总值1081.0亿元，占第二产业生产总值的64%。主要工业产品包括：发电设备（1434万千瓦时）；发电量（198.2亿千瓦时）；原油加工量（390.4万吨）；水泥（746万吨）；卷烟（379.5亿支）；啤酒（115.8万千升）；乳制品（31.5万吨）及化学药品原药（2189吨）。农业总产值987.7亿元，农林牧渔及其服务业各占64.4%、3.2%、26.4%、2%及4%[2]。

（5）水文及水环境特点

哈尔滨市地表水资源量74.17亿立方米，市区内河流均属于松花江流域，干流为松花江，其余为支流，主要支流有呼兰河、阿什河、拉林河、牤牛河、蚂蜒河、东亮珠河、泥河、漂河、蜚克图河、少菱河、五岳河、倭肯河等。松花江为哈尔滨市最大河流，起源于吉林省长白山，东西走向贯穿于哈尔滨中部，将哈尔滨市区分割为南北两部分。哈尔滨地下水资源量39.48亿立方米，松花江为主要的补给来源，由于地下水水位常年低于松花江水位，造成了松花江地表水常年补给地下水的情形。

哈尔滨市域所含流域包含众多的化工、造纸、石油开采、医药、机械制造等行业的企业，对环境生态造成了巨大的压力。总体来看哈尔滨市域内河流支流污染较干流严重，少陵河、五岳河、肇兰新河、呼兰河水体污染尤为严重，水质基本上处于劣Ⅴ类；阿什河部分河段、倭肯河、运粮河及蜚克图河次之，处于Ⅴ类水质；其余处于Ⅲ类水质。

(6) 土壤及土地利用

哈尔滨市黑土分布最广，数量最多，适于各种农作物生长。根据第二次全国土地调查成果，哈尔滨市全市面积5.31万平方千米，其中农用地为主要的土地利用类型，占总面的87.3%，建设用地占4.8%，其他土地占7.9%。哈尔滨市不同土地利用类型区域之间存在着较大的差异，农用地分布相对集中，耕地质量好但人均耕地少，建设用地比重较大。

5.3 流域水污染环境风险综合评价应用

5.3.1 风险源事故危险性（H）指数分析

5.3.1.1 H评价样本点调研

经调查哈尔滨市工业源为4502个，集中式治理设施11个。哈尔滨市工业源中重点源1819个，占总工业源的40.4%；一般源2683个，占总工业源数的59.6%，主要分布在农副食品加工业、非金属矿物制品业、木材加工业、煤炭开采四个行业。工业源中对环境具有一定事故污染风险性的有122家企业，9区总计99家，县市23家，其中香坊区25家、道外区20家、阿城区17家、南岗区和双城区各11家，其余县区都在10家以下，其中平房区和通河县为0家。

哈尔滨市环境风险源企业数量统计详见表5-1。

表 5-1　哈尔滨市环境风险源企业数量统计表

市区	数量/家	县(市)	数量/家
南岗区	11	五常市	7
道里区	3	尚志市	5
道外区	20	巴彦县	1
香坊区	25	木兰县	1
平房区	0	宾县	1
松北区	3	延寿县	4
呼兰区	9	方正县	1
阿城区	17	通河县	0
双城区	11	依兰县	3
市区总计	**99**	**县市总计**	**23**
哈尔滨市域总计		**122**	

在 122 家风险性企业中规模较大的重点企业有 12 家，其中 1 家坐落在依兰县境内，位于松花江干流哈尔滨段的下游，虽然企业规模较大，由于处于下游河段，对哈尔滨市区域范围内产生的影响范围较小；其余 11 家均坐落在哈尔滨市主城区，位于松花江干流哈尔滨段的上游，也是威胁哈尔滨区域河段最长的 11 家企业。哈尔滨市重点风险源企业基本信息见表 5-2，哈尔滨市重点环境风险源企业空间分布详见图 5-1。

表 5-2　哈尔滨市重点风险源企业基本信息表

序号	企业名称	行政区	行业类别	企业简称
1	ZM 哈尔滨煤化工有限公司	依兰县	煤炭化工	ZM 煤化工
2	HS 石化分公司	道外区	石油加工，石油制品	HS 石化
3	LX 石化有限公司	道外区	有机化学原料制造	LX 石化
4	HY 集团制药总厂	南岗区	化学药品原料制造	HY 集团
5	哈尔滨 YM 集团	香坊区	纺织	YM 集团
6	哈尔滨 HE 化工	香坊区	石棉绒，白灰制造	HE 化工
7	哈尔滨 DJ 厂	香坊区	电机制造	DJ 厂
8	SJ 制药	香坊区	化学药品原料制造	SJ 制药
9	YL 制药厂	道外区	化学药品原料制造	YL 制药
10	哈尔滨 SL 药业	呼兰区	化学药品原料制造	SL 药业

续表

序号	企业名称	行政区	行业类别	企业简称
11	SY 制药厂	道里区	中成药制造	SY 制药
12	ZY 制药二厂	道里区	中成药制造	ZY 二厂

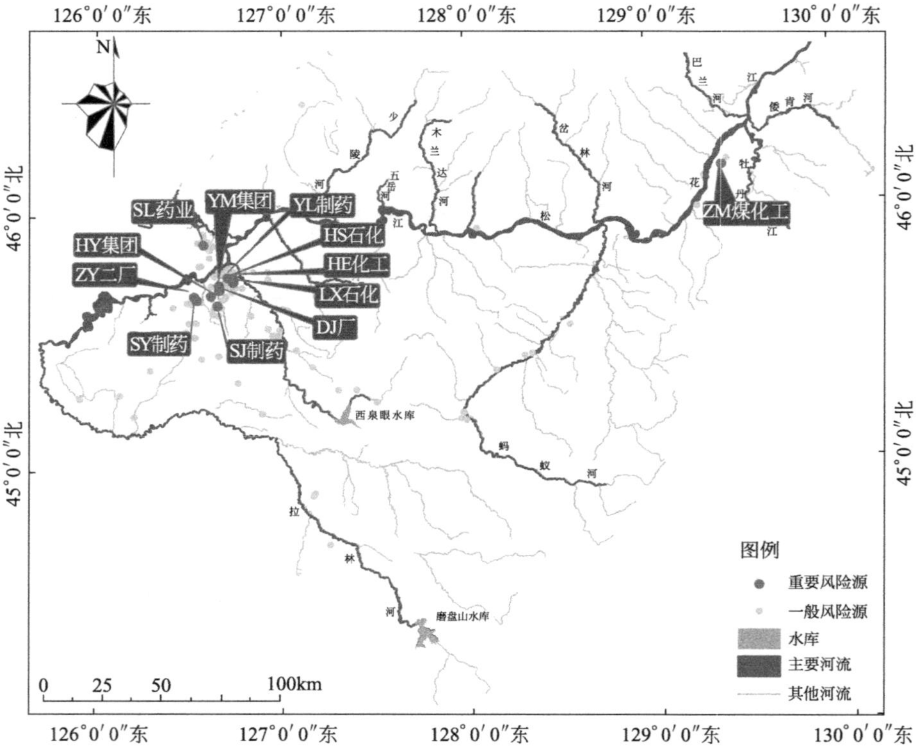

图 5-1　哈尔滨市重点环境风险源企业空间分布

本书实例研究中将哈尔滨市 12 家重点的环境风险企业作为风险源研究对象，经过调查这 12 家重点环境风险企业共包含了 21 个风险源：其中，ZM 煤化工有 4 个，危险物质为多元酚、甲醇及液氨；HS 石化包含 3 个，危险物质为甲醇、丁烯和甲乙酮；LX 石化包含 5 个，危险物质为苯酚、丙酮、苯和二甲苯；其余 9 家企业各包含 1 个风险源，危险物质为丙酮、甲醇、液氯、甲苯、乙醇。对 21 个风险源相关信息录入数据库，为了方便风险源的评价与管理，在系统中对 21

个风险源进行编码，编码原则为企业缩写字母加编号。

哈尔滨市重点风险源危险物质及代码如表 5-3 所列。

表 5-3　哈尔滨市重点风险源危险物质及代码表

企业简称	风险源	风险源代码
ZM 煤化工	多元酚罐	ZM01
	甲醇罐区 1	ZM02
	甲醇罐区 2	ZM03
	液氨罐	ZM04
HS 石化	甲醇罐	HS01
	丁烯罐	HS02
	甲乙酮罐	HS03
LX 石化	苯酚罐	LX01
	丙酮罐	LX02
	苯罐	LX03
	苯罐	LX04
	二甲苯罐	LX05
HY 集团	丙酮	HY01
YM 集团	甲醇	YM01
HE 化工	液氯	HE01
DJ 厂	甲苯	DJ01
SJ 制药	甲醇	SJ01
YL 制药	乙醇	YL01
SL 药业	乙醇	SL01
SY 制药	乙醇	SY01
ZY 二厂	乙醇	ZY01

5.3.1.2　H 指标参数计算

哈尔滨市 12 家重点企业所包含的 21 个风险源，在 SARMIS 平台中经过事故危险性参数相应的计算模块结合风险源危险物质属性、企业生产及管理现状及企业周边环境要素得出其风险源危险压力性参数数值，并在 SARMIS 系统自动调用已经录入数据库的表 3-2 确定参数等级的划分标准进行等级的自动划分。由

SARMIS 导出哈尔滨市重点风险源危险压力性指标（HP）参数等级见表 5-4，危险控制性指标（HC）参数等级如表 5-5 所列。

表 5-4 哈尔滨市重点风险源危险压力性指标（HP）参数等级

风险源代码	危险物质	HP_1	HP_2	HP_3	HP_4	HP_5
ZM01	多元酚(苯酚、甲酚等)	Ⅰ	Ⅲ	Ⅱ	Ⅱ	Ⅱ
ZM02	甲醇	Ⅱ	Ⅰ	Ⅰ	Ⅱ	Ⅱ
ZM03	甲醇	Ⅱ	Ⅰ	Ⅲ	Ⅱ	Ⅱ
ZM04	液氨	Ⅰ	Ⅲ	Ⅲ	Ⅱ	Ⅱ
HS01	甲醇	Ⅱ	Ⅰ	Ⅱ	Ⅱ	Ⅲ
HS02	丁烯	Ⅱ	Ⅱ	Ⅱ	Ⅱ	Ⅲ
HS03	甲乙酮	Ⅱ	Ⅰ	Ⅲ	Ⅱ	Ⅲ
LX01	苯酚	Ⅰ	Ⅲ	Ⅱ	Ⅱ	Ⅲ
LX02	丙酮	Ⅱ	Ⅰ	Ⅲ	Ⅱ	Ⅲ
LX03	苯	Ⅱ	Ⅰ	Ⅱ	Ⅱ	Ⅲ
LX04	苯	Ⅱ	Ⅰ	Ⅱ	Ⅱ	Ⅲ
LX05	二甲苯	Ⅱ	Ⅱ	Ⅱ	Ⅱ	Ⅲ
HY01	丙酮	Ⅱ	Ⅰ	Ⅳ	Ⅳ	Ⅲ
YM01	甲醇	Ⅱ	Ⅰ	Ⅲ	Ⅳ	Ⅲ
HE01	液氯	Ⅰ	Ⅲ	Ⅳ	Ⅳ	Ⅲ
DJ01	甲苯	Ⅱ	Ⅱ	Ⅳ	Ⅳ	Ⅲ
SJ01	甲醇	Ⅱ	Ⅰ	Ⅲ	Ⅳ	Ⅲ
YL01	乙醇	Ⅱ	Ⅰ	Ⅳ	Ⅳ	Ⅲ
SL01	乙醇	Ⅱ	Ⅰ	Ⅲ	Ⅳ	Ⅲ
SY01	乙醇	Ⅱ	Ⅰ	Ⅳ	Ⅳ	Ⅲ
ZY01	乙醇	Ⅱ	Ⅰ	Ⅳ	Ⅳ	Ⅲ

表 5-5 哈尔滨市重点风险源危险控制性指标（HC）参数等级

风险源代码	HC_1	HC_2	HC_3
ZM01	Ⅰ	Ⅰ	Ⅰ
ZM02	Ⅰ	Ⅰ	Ⅰ

续表

风险源代码	HC_1	HC_2	HC_3
ZM03	Ⅰ	Ⅰ	Ⅰ
ZM04	Ⅰ	Ⅰ	Ⅰ
HS01	Ⅰ	Ⅰ	Ⅰ
HS02	Ⅰ	Ⅰ	Ⅰ
HS03	Ⅰ	Ⅰ	Ⅰ
LX01	Ⅱ	Ⅲ	Ⅱ
LX02	Ⅱ	Ⅲ	Ⅱ
LX03	Ⅱ	Ⅲ	Ⅱ
LX04	Ⅱ	Ⅲ	Ⅱ
LX05	Ⅱ	Ⅲ	Ⅱ
HY01	Ⅰ	Ⅰ	Ⅱ
YM01	Ⅲ	Ⅲ	Ⅲ
HE01	Ⅲ	Ⅲ	Ⅲ
DJ01	Ⅰ	Ⅰ	Ⅰ
SJ01	Ⅱ	Ⅱ	Ⅲ
YL01	Ⅱ	Ⅱ	Ⅲ
SL01	Ⅲ	Ⅲ	Ⅲ
SY01	Ⅱ	Ⅱ	Ⅲ
ZY01	Ⅱ	Ⅱ	Ⅲ

5.3.1.3 H 指数评价

由于风险源数量为 21 个，所调研的评价样本点数量较少，且 21 个风险源分别分布在 12 家企业中，相同企业的风险源有共同的参数（如企业的安全管理体系等），进一步缩小了个体差异性。聚类分析的目的在于将大量样本点根据参数值的分布状况进行分类，明确其类别及主要类别特点并简化了评价过程，但在样本点较少的情况下进行聚类不仅不会对评价过程进行简化，反而会造成了聚类之间的差异性缩小，造成排序结果的不精确。因此，本案例对风险源事故危险性样本点进行分步评价时不进行聚类分析，跳过 SOM 聚类直接进入 HDT 排序，根据计算得出的哈尔滨市风险源事故危险性参数等级赋值结果，直接利用 HDT 模块对风险源进行偏序排序。在 HDT 软件程序数据设置中自动输入所有风险源参数值，用哈斯图技术对 21 个风险源进行偏序排序。得出 21 个风险源的风险源事故危险性等级评价结果，将结果分为五个等级（排序结果见图 5-2）：等级 1（L_1）仅包含 1 个风险源 DJ01；等级 2（L_2）也包含有 1 个风险源 HY01；等级 3（L_3）包含 5 个风险源 HS02、HS03、YL01、SY01 和 ZY01；等级 4（L_4）包含有 6 个风险源 ZM03、ZM04、HS01、LX02、LX05 和 SJ01；等级 5（L_5）包含 8 个风险源 ZM01、ZM02、LX01、LX03、LX04、YM01、SL01 和 HE01。在 HDT 排序图中越处于最下方的等级的事故危险性越低，越处于最上方的等级的事故危险性越高。

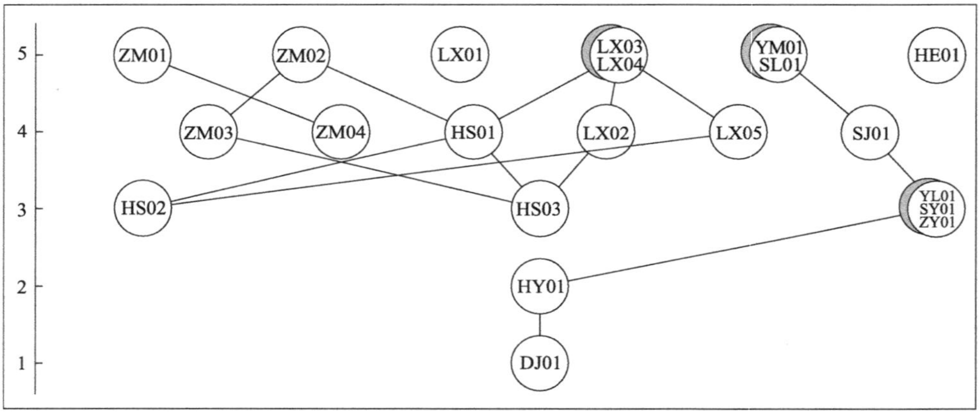

图 5-2　HDT 风险源等级排序

根据 HDT 的风险源排序结果，得出哈尔滨市风险源事故危险性综合评价等级：ZM 煤化工的 4 个风险源的事故危险性等级较高，尤其多元酚和甲醇灌区 1 的危险等级最高；HS 企业除甲醇罐等级较高之外其余 2 个危险级别处于中等水平；LX 石化 5 个风险源的事故危险性等级较高，尤其是苯酚和两个苯罐危险性等级最高；其他 9 个风险源中 YM 集团、HE 化工、SL 药业和 SJ 制药包含的风险源等级较高，其他等级较低。

哈尔滨市风险源事故危险性指数综合评价等级结果见表 5-6。

表 5-6 哈尔滨市风险源事故危险性指数（H）综合评价等级

序号	风险源代码	H 等级	序号	风险源代码	H 等级
1	ZM01	5	12	LX05	4
2	ZM02	5	13	HY01	2
3	ZM03	4	14	YM01	5
4	ZM04	4	15	HE01	5
5	HS01	4	16	DJ01	1
6	HS02	3	17	SJ01	4
7	HS03	3	18	YL01	3
8	LX01	5	19	SL01	5
9	LX02	4	20	SY01	3
10	LX03	5	21	ZY01	3
11	LX04	5			

5.3.2 区域环境脆弱性（V）指数分析

5.3.2.1 V 评价样本点的划分

本书的研究区域哈尔滨市面积大约为 5.31 万平方千米，依据前文提到的风险评价单元划分方法，根据哈尔滨市的研究尺度及其区域的属性以 $100km^2$ 为单位对研究区进行划分，将研究区划分出 30 行 36 列共计 610 个体积均等的区块。将区块内哈尔滨市周边坐落面积小于区块面积 1/3 的区块，根据其所属行政区划以及与周边地区同质性和连贯性，将其并入周边区块。归并后整个哈尔滨市被划分为 554 个区块，即为哈尔滨市区域环境风险分区评价单元。对每个评价单元进行编码，编码顺序由上至下由左至右依次编码 U1，U2，U3，…，U554，如图 5-3 所示。

5.3.2.2 V 指标参数计算

哈尔滨市评价单元区域环境脆弱指数参数等级分布如图 5-4（详见书后彩图）所示。

（1）河流面积比参数（VP_1）

哈尔滨市河流面积约 952 平方千米，约占市区总面积的 1.64%。根据 ArcGIS 空间数据库所录入的哈尔滨市土地利用现状数据，提取河流水面地类。将评

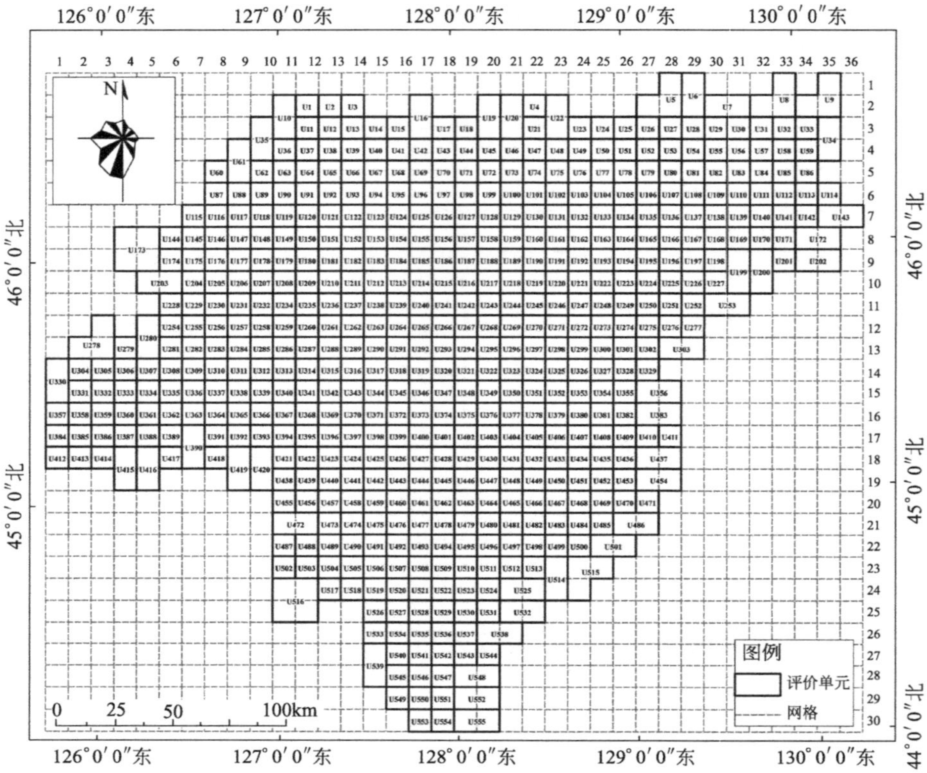

图 5-3 哈尔滨市区域环境脆弱性评价单元分区

价单元数据与土地利用现状数据和河流水面地类执行叠加分析与汇总统计分析，得出每个评价单元格内水域面积百分比。按照表 3-2 所示的水域面积百分比的划分等级对评价单元格进行等级划分。哈尔滨市评价单元格水域面积比分布结果如图 5-4(a) VP_1 所示。

(2) 河流功能区划属性（VP_2）

哈尔滨市 53 个地表水监测断面，其中：Ⅱ类环保功能区划有 7 个断面；Ⅲ类的断面有 18 个；Ⅳ类的断面有 22 个。将断面及评价单元进行叠加，依据表 3-2 中规定的等级划分标准进行分级。哈尔滨市评价单元格河流功能区划分布结果如图 5-4(b) VP_2 所示。

(3) 河流水质评价属性（VP_3）

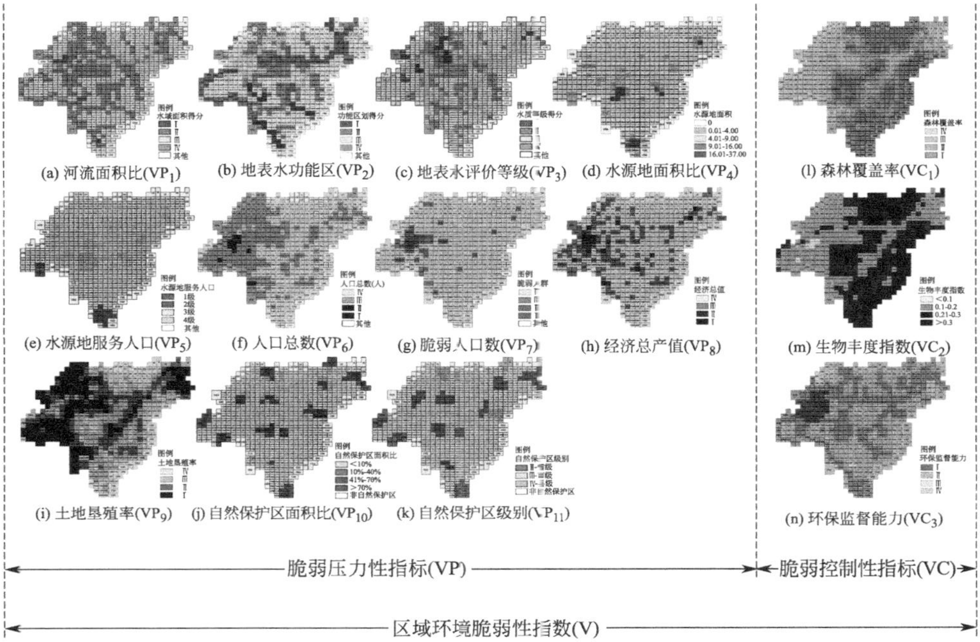

图 5-4 哈尔滨市评价单元区域环境脆弱指数参数等级分布（见书后彩图）

哈尔滨市共有 53 个地表水监测点分布在松花江干流及其 15 条主要支流上。为了方便对地表水水质进行评价，监测点录入数据库时就对监测点进行了编码。采取“河流代码＋监测点序号”的形式对监测点进行编码。河流代码中“0”代表松花江干流，“1～15”分别代表松花江 15 条支流，以上游至下游的顺序依次编排。监测点序号按照所在河流由上游至下游依次排序。

哈尔滨市地表水监测点分布状况如图 5-5 所示。

根据哈尔滨市地表水监测数据，选取了具有代表性的 7 个水质指标的全年均值对地表水进行评价，7 个指标分别为溶解氧（DO）、高锰酸盐指数（COD_{Mn}）、总磷（TP）、氢离子浓度指数（pH 值）、氨氮（NH_3-N）、化学需氧量（COD）和生化需氧量（BOD_5）。各项指标的标准采用《地表水环境质量标准》（GB 3838—2002）。

通过监测数据的预处理，哈尔滨市河流共计创建了 201 个评价点。利用自组织神经网络（SOM）对 201 个评价点 7 类水质参数进行水质评价，对水质参数

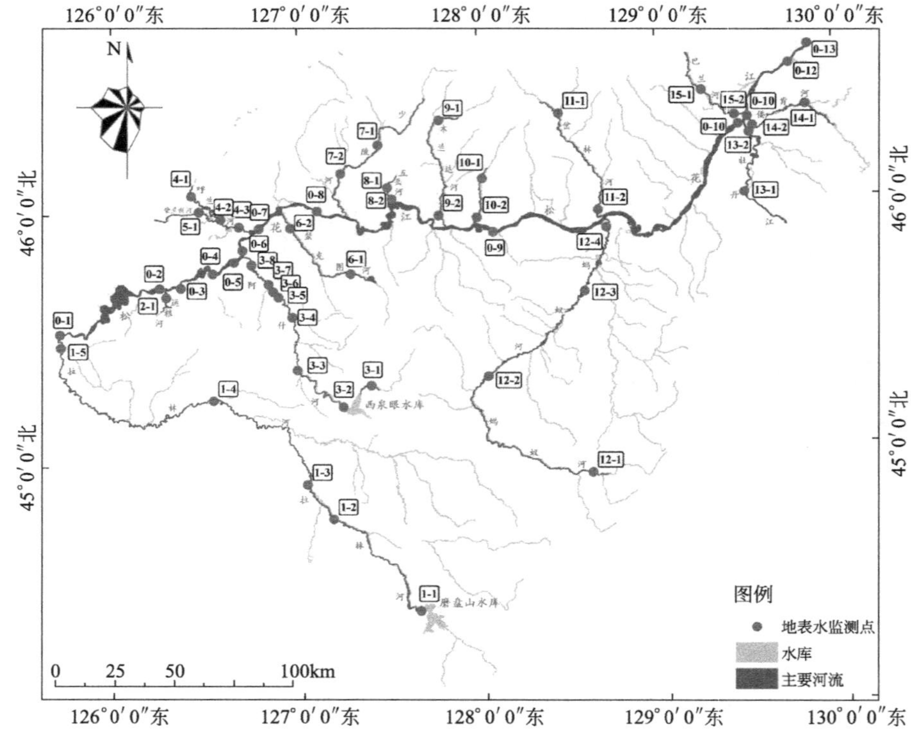

图 5-5　哈尔滨市地表水监测点分布

进行分组及对评价点进行聚类分析。根据 SOM 结果对聚类求均值并进行数据标准化，最后根据自组织神经网络结果利用哈斯图技术（HDT）对水质进行排序。

通过 SOM 程序模块得出所有输入数据的组分平面图及 U-matrix，如图 5-6 所示（详见书后彩图）。每个水质参数的组分平面图用色阶表示其分布状况，并且在 U-matrix 平面图中各神经元之间的距离可以看出特定对象之间的关系。组分平面图依据所在的位置及色阶进行分组[3]。通过 SOM 组分平面排序图（见图 5-7，详见书后彩图）可以轻易看出它们的相似性及排序分组状况。水质参数被分为四组：第一组（G_1）包含 4 个水质参数，分别为 COD_{Mn}、COD、BOD_5 和 TP，这一组的共同特点为最高值分布在平面图的右下方，最小值分布在左上方；第二组（G_2）为 NH_3-N，虽然 NH_3-N 的大体分布趋势与 G_1 中的 4 个参数的相似程度较高，但其最大值分布的区域不同，其最大值分布在平面图的左下方，为方便下一步的评价工作的展开，故将 NH_3-N 单独列出成一组；第三组（G_3）为 DO，其最高值分布在平面图的上方，而最低值分布在平面图的左下方；第四组（G_4）为 pH 值，其最高值分布在平面图的中部靠右方。

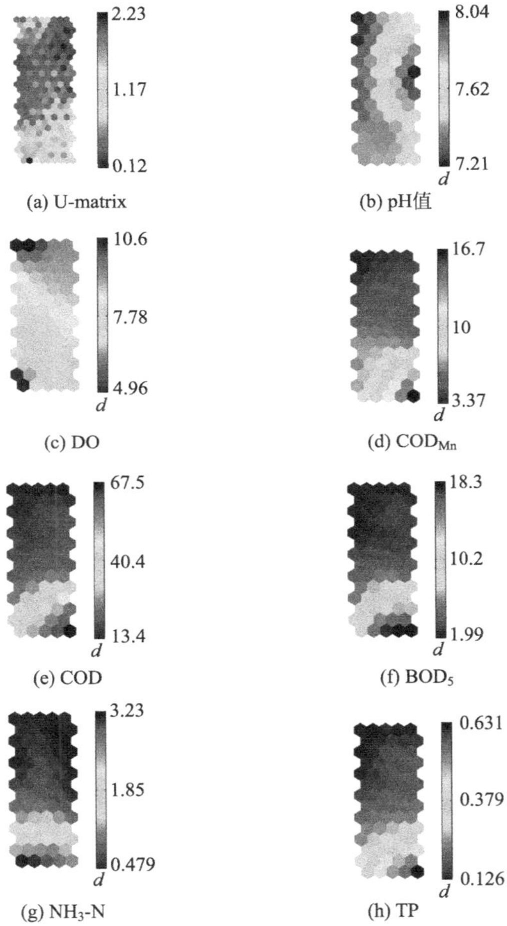

图 5-6　水质参数及评价的 SOM 组分平面图（见书后彩图）

通过 SOM 的 Davies - Bouldin 指数法对所有评级点进行聚类，系统得出的聚类结果分为以下 7 类（见图 5-8）。

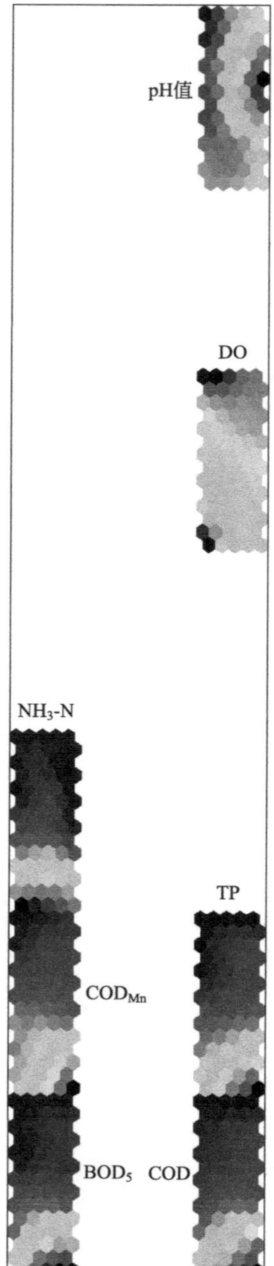

图 5-7 SOM 水质参数分组图（见书后彩图）

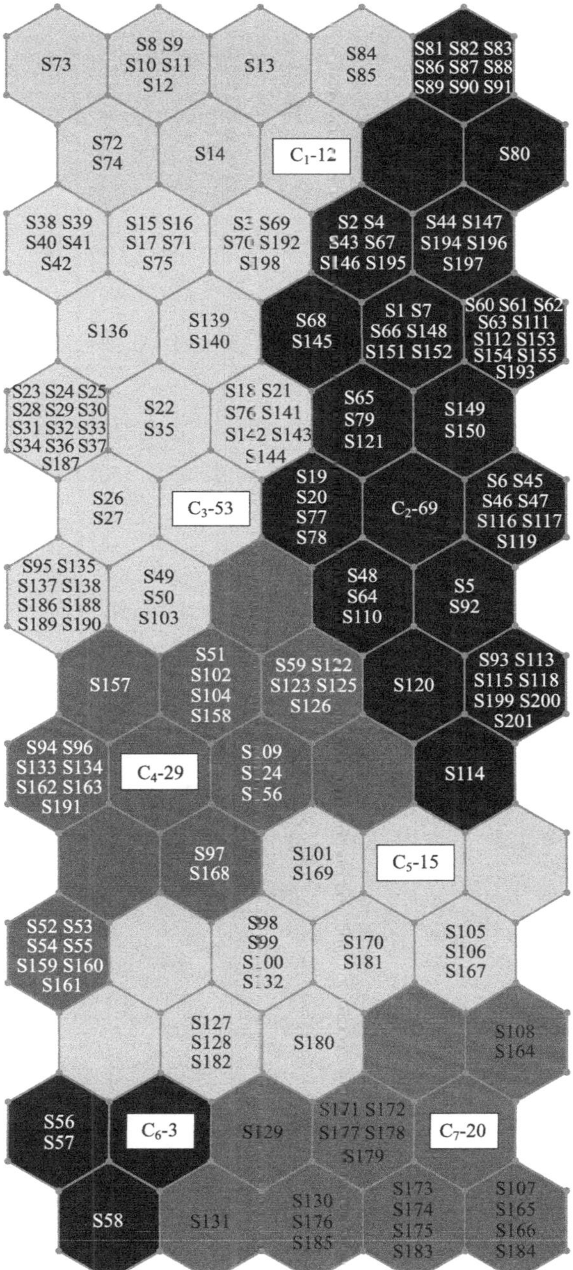

图 5-8 SOM 评级点聚类结果（见书后彩图）

1）第一类（C_1）

包含 12 个评价点，G_3 为主要的分类规则。这一类的特点为：pH 值最低，接近于中性；较其他分类 DO 的浓度最高；其他水质参数值为此分类中为最小值。

2）第二类（C_2）

包含 69 个评价点，G_4 为主要的分类规则。这一类的特点为：水质呈碱性，与其他分类相比 pH 值最高；DO 浓度较高仅次于 C_1；其他水质指数浓度值较低。

3）第三类（C_3）

包含 53 个评价点，G_3 与 G_4 共同作用为其主要的分类规则。这一类的特点为：水质碱性程度较弱，pH 值较低但略高于 C_1；DO 浓度较高仅次于 C_1 和 C_2；其他水质指数浓度值较低。

4）第四类（C_4）

包含 29 个评价点，G_1、G_2 与 G_3 共同作用的结果成为其主要的分类原则。这一类的特点为：pH 值较高，水质碱性程度仅次于 C_2 和 C_7；DO 浓度较低但远远高于 C_6；其他水质指数较其他分类处于中等偏下。

5）第五类（C_5）

包含 15 个评价点，G_1 与 G_2 共同作用成为其主要的分类原则。这一类的特点为：G_1 中的四个水质参数浓度值较高，仅次于 C_7 位居第二；NH_3-N 浓度较高仅次于 C_6 和 C_7，位居第三；水质呈碱性，其碱性程度在分类中略高于 C_1 和 C_3；DO 浓度较其他分类处于中等水平。

6）第六类（C_6）

包含 3 个评价点，G_2 和 G_3 为主要分类原则。这一类的特点为：NH_3-N 浓度最高，而 DO 浓度最低；水质呈碱性，其平均的碱性程度在分类中处于中等；G_1 中的 4 个水质参数处于中等偏上水平。

7）第七类（C_7）

包含 20 个评价点，G_1 为主要分类原则。这一类的特点为：G_1 中的 4 个水质参数浓度值最高；NH_3-N 浓度较高仅次于 C_6；水质呈碱性，其平均碱性程度在分类中仅次于 C_2 位居第二；DO 浓度较其他分类处于中等水平。

根据 SOM 对水质参数的分类结果，对每项聚类的水质参数统计其均值，并通过数据标准化模型进行标准化。水质标准的权重分配如表 3-18 所列，其各项聚类水质参数标准化结果如表 5-7 所列。

表 5-7　各项聚类水质参数标准化结果

项目	pH 值	DO	COD_{Mn}	CCD	BOD_5	NH_3-N	TP
C_1	0.000455	0.000000	0.007047	0.000000	0.000000	0.002151	0.011339
C_2	0.001195	0.000000	0.009849	0.002207	0.000458	0.003632	0.032947
C_3	0.000507	0.000000	0.006744	0.000915	0.000000	0.008698	0.019087
C_4	0.000618	0.000000	0.020275	0.016795	0.027919	0.004661	0.019839
C_5	0.000587	0.000000	0.076046	0.086427	0.189277	0.018749	0.024633
C_6	0.000615	0.022794	0.019306	0.062165	0.022777	0.360888	0.018059
C_7	0.000703	0.000000	0.106615	0.283788	0.378620	0.166980	0.175454

各项聚类水质评价结果通过 HDT 方法进行偏序排序，7 项聚类划分为四个等级（结果如图 5-9 所示）：等级 1（L_1）仅包含一个聚类项 C_1；等级 2（L_2）包含有三个聚类项 C_2、C_3 和 C_4；等级 3（L_3）包含一个聚类项 C_5；等级 4（L_4）包含 C_6 和 C_7 两个聚类项。处于排序图最下方的等级的水质最好，处于最上端的等级的水质最差。

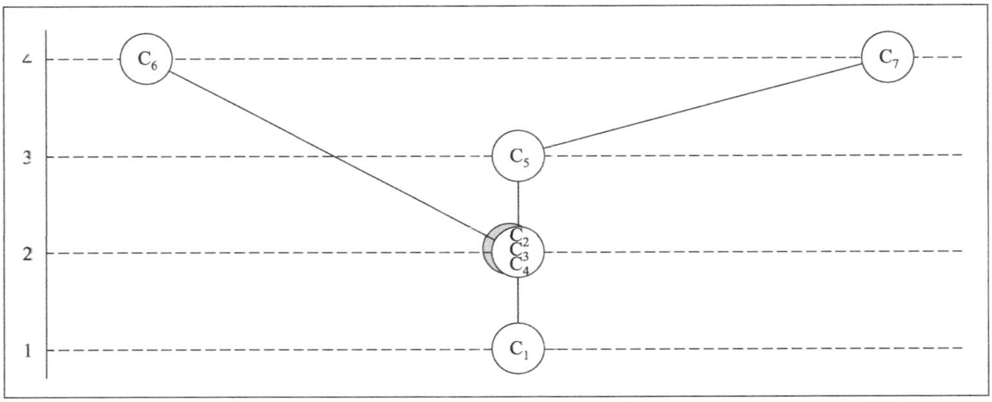

图 5-9　HDT 聚类等级排序结果

根据 SOM 和 HDT 的水质排序结果，将 201 个评价点的水质等级与评价单元执行叠加分析程序，统计提取每个评价单元的水质排序状况，按照参数分级标准（见表 3-2）进行分级。得出的哈尔滨市评价单元河流水质评价等级分布如图 5-4(c) 所示。

（4）水源地面积比（VP_4）

哈尔滨市总共 17 处水源地，其中：地下水 12 处；地表水 5 处。较大的地表水水源地有五常市的磨盘山水库和阿城区的西泉眼水库。从空间数据库里调用各级水源地地类，将水源地与评价单元格进行叠加分析提取单元格内水源地一级保护区、二级保护区和准保护区面积，根据公式模块计算出每个单元格内水源地总面积比值，根据参数分级标准（见表 3-2）进行分级，得出哈尔滨市评价单元水源地面积比等级分布如图 5-4(d) 所示。

（5）水源地服务人口数（VP_5）

根据水源地服务人口数以及表 3-2 所列的分类标准将哈尔滨市水源地分为 4 个等级，哈尔滨市评价单元水源地服务人口数等级分布如图 5-4(e) 所示。

（6）总人口数（VP_6）和脆弱性人口比（VP_7）

根据哈尔滨市统计年鉴，将各地区总人口数、农业人口数、城镇人口数及年龄在 60 岁以上及 18 岁以下的脆弱人群数量进行统计并录入到系统中的 Oracle 的区域人口数据表中。

利用哈尔滨市土地利用空间数据提取各县区的城镇村建设用地并与前一步统计入库的人口分布数据进行空间叠加分析，得出单位住宅面积的人口密度；再与评价单元进行空间叠加分析及汇总统计分析，根据参数分级标准（见表 3-2）进行分级，得出评价单元人口数量分布及评价单元脆弱性人群数量分布，如图 5-4(f)、(g) 所示。

（7）经济总产值（VP_8）

根据哈尔滨市统计年鉴，将哈尔滨市主要的行业产值进行统计，并录入到 Oracle 的区域经济情况表。利用哈尔滨市土地利用空间数据提取承载不同产业的相关土地利用类型。通过汇总计算得出哈尔滨市评价单元的经济总值，根据参数分级标准（见表 3-2）进行分级，得出哈尔滨市评价单元经济总产值分布，如图 5-4(h) 所示。

（8）土地垦殖率（VP_9）

根据哈尔滨市土地利用现状，提取耕地地类，并与评价单元进行空间叠加分析，计算每个评价单元格土地垦殖率；依据参数分级标准进行划分等级，得出哈尔滨市评价单元土地垦殖率分布。如图 5-4(i) 所示。

(9) 自然保护区面积比（VP_{10}）及自然保护区级别（VP_{11}）

将哈尔滨市域内自然保护区空间数据与评价单元相叠加，汇总统计出哈尔滨市评价单元自然保护区面积比和自然保护区类别两项参数。依据参数分级标准进行划分等级，得出哈尔滨市评价单元自然保护区面积比和自然保护区类别分布。如图 5-4(j)、(k) 所示。

(10) 森林覆盖率（VC_1）

哈尔滨市林地面积 2.52 万平方千米，约占土地总面积的 47%，主要分布在哈尔滨东部、东南及东北部。根据哈尔滨市土地利用数据，提取林地地类与评价单元进行叠加分析，计算出每个评价单元的林地面积比，依据参数分级标准进行等级划分，得出哈尔滨市评价单元森林覆盖率分布。如图 5-4(l) 所示。

(11) 生物丰度（VC_2）

根据哈尔滨市土地利用空间数据提取耕地、林地、草地、建设用地、水域、未利用地土地类型。将土地利用数据与评价单元进行叠加分析，得出各评价单元内土地类型的分布状况；利用生物丰度指数模型计算评价单元生物丰度，根据参数分级标准（见表 3-2）进行分级，得出哈尔滨市评价单元生物丰度分布。如图 5-4(m) 所示。

(12) 环保应急能力（VC_3）

通过 5 位专家对哈尔滨市各区域的环境监督能力按照评分标准进行专家打分，每个子项的分数取均值汇总后作为区域环保监督能力分值，再与单元叠加分析，得出评价单元的环境监督能力分值；依据表 3-18 等级划分标准进行分级得出哈尔滨市评价单元环境监督能力分布。如图 5-4(n) 所示。

依据哈尔滨市评价单元区域环境脆弱性参数等级划分结果，利用数据标准化模型对参数进行标准化赋值。

5.3.2.3 V 指数评价

(1) SOM 聚类分析

根据上文得出的哈尔滨市单元区域环境脆弱性参数等级赋值状况，通过 SOM 模型得出所有环境脆弱性指数参数的组分平面图及 U-matrix，如图 5-10 所

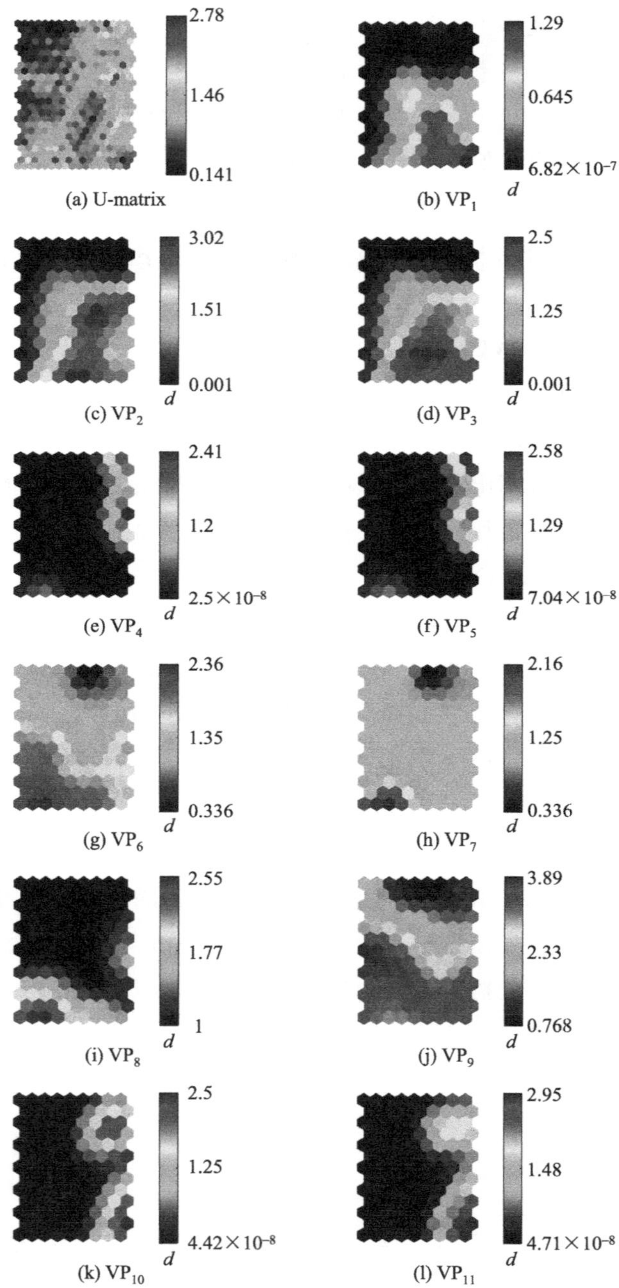
2.78
1.46
0.141
(a) U-matrix
1.29
0.645
6.82×10⁻⁷
d
(b) VP$_1$
3.02
1.51
0.001
d
(c) VP$_2$
2.5
1.25
0.001
d
(d) VP$_3$
2.41
1.2
2.5×10⁻⁸
d
(e) VP$_4$
2.58
1.29
7.04×10⁻⁸
d
(f) VP$_5$
2.36
1.35
0.336
d
(g) VP$_6$
2.16
1.25
0.336
d
(h) VP$_7$
2.55
1.77
1
d
(i) VP$_8$
3.89
2.33
0.768
d
(j) VP$_9$
2.5
1.25
4.42×10⁻⁸
d
(k) VP$_{10}$
2.95
1.48
4.71×10⁻⁸
d
(l) VP$_{11}$

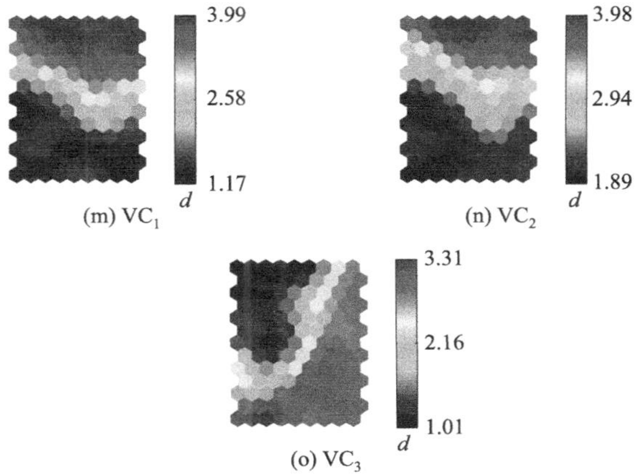

图 5-10 评价单元区域环境脆弱性参数 SOM 组分平面图（见书后彩图）

示（详见书后彩图），并通过 SOM 组分平面排序图（见图 5-11，详见书后彩图）可以轻易看出它们的相似性及排序分组状况。环境脆弱性指数参数被分为五组：第一组（G_1）包含 4 个参数，分别为 VP_4、VP_5、VP_{10} 和 VP_{11}，这一组的共同特点为最高值分布在平面图的右方，其中 VP_4 和 VP_5 相似性最高，VP_{10} 和 VP_{11} 相似性最高；第二组（G_2）包含 1 个参数 VC_3，高值分布在平面图的右方及下方，低值分布在平面图的左上方；第三组（G_3）包含 2 个参数，分别为 VP_7 和 VP_8，这一组的特点是最高值分布在平面图的左下方，而低值分布在平面图的右上方；第四组（G_4）包含 4 个参数，分别为 VP_6、VP_9、VC_1 和 VC_2，VP_6、VP_9 和 VC_1、VC_2 呈负相关关系。VC_1 和 VC_2 其最高值分布在平面图的上方，最低值在平面图的下方，而 VP_6 和 VP_9 的分布关系恰好相反；第五组（G_5）包含 3 个参数，分别是与河流相关的三个参数 VP_1、VP_2 和 VP_3，其最高值分布在平面图的右下方，最低值在平面图的左方和上方。

通过 SOM 的 Davies-Bouldin 指数法对 554 个评价单元进行聚类，聚类结果分为 10 类（见图 5-12，详见书后彩图）。通过聚类得到 9 列 13 行神经元细胞，对细胞进行编码，A～I 代表列，1～13 代表行。由于评价单元数量较多，图中不能一一表示每个细胞所包含的单元代码，“[] ”方括号内数字代表细胞所包含评价单元数量，如 D6 [13] 代表的就是第 6 行第 4 列的神经元包含 13 个评价单元格。

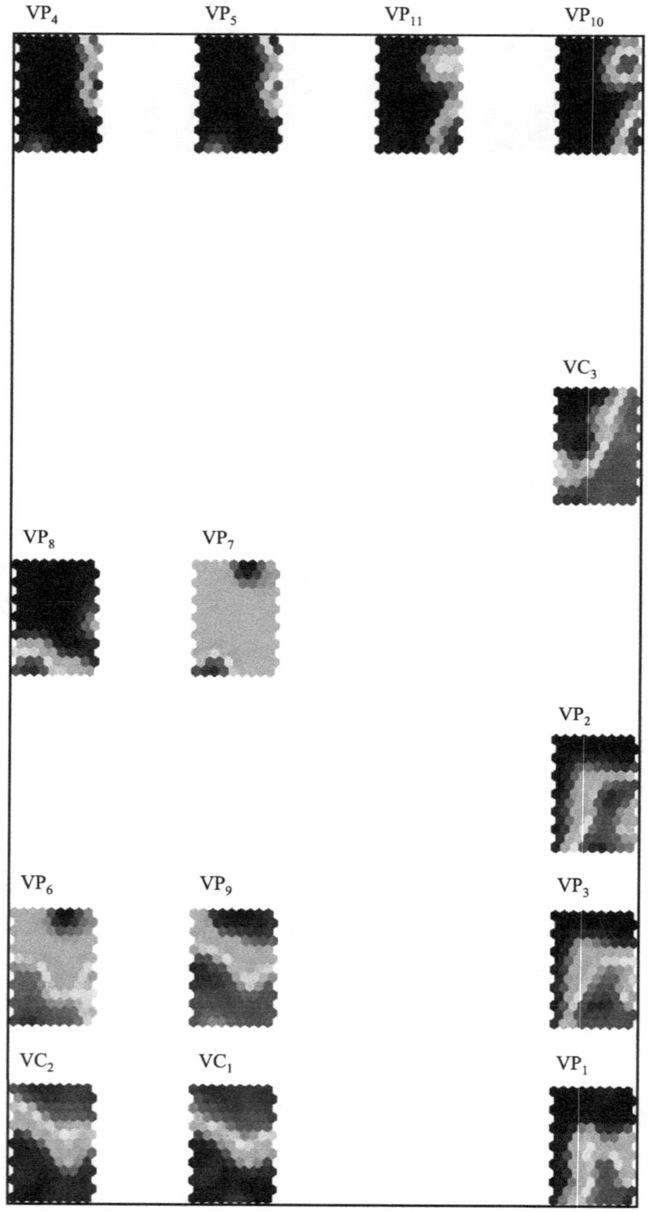

图 5-11　SOM 环境脆弱性参数分组排序（见书后彩图）

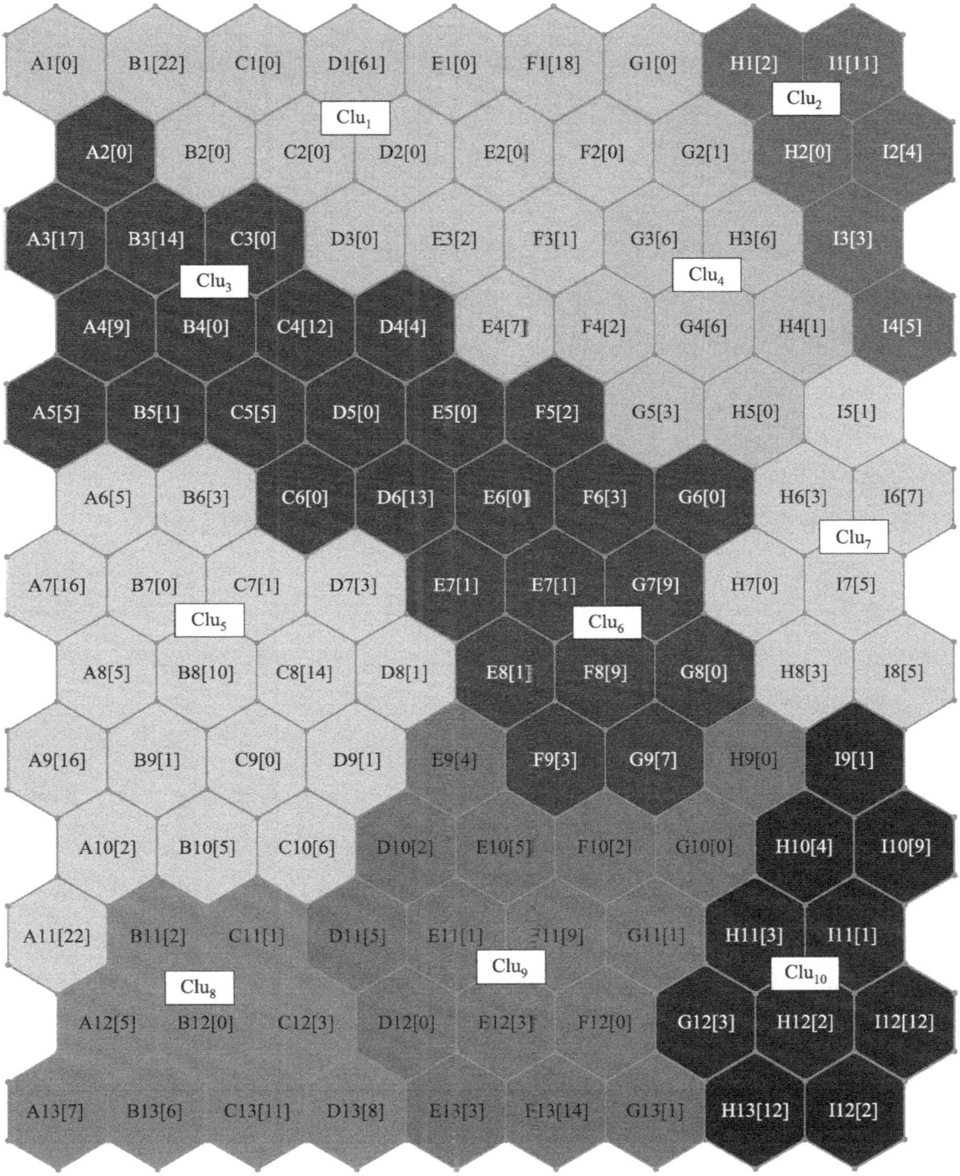

图 5-12　SOM 评价单元区域环境脆弱性聚类结果（见书后彩图）

聚类结果详解如下。

1）第一类（C_1）

包含 111 个评价单元，G_4 为主要的分类规则。这一类的特点为：脆弱压力性指标都很低；脆弱控制性指标中生物丰度及森林覆盖率较高，环保应急能力较弱。

2）第二类（C_2）

包含 25 个评价单元，G_1 为主要的分类规则。这一类的特点为：主要为水源地和自然保护区所在地，其中又以水源地为主。脆弱压力性指标中有关水源地和自然保护区的指标较高，其他压力性指标都很低；脆弱控制性指标都很高。

3）第三类（C_3）

包含 82 个评价单元，G_4 为主要的分类规则。这一类的特点：人口数量及土地垦殖率都处于中等水平，森林覆盖和生物丰度较高，其他参数较低。

4）第四类（C_4）

包含 25 个评价单元，G_1 为主要的分类规则。这一类的特点：主要为自然保护区所在地。脆弱压力性指标中有关自然保护区的指标较高，其他压力性指标都很低；脆弱控制性指标都很高。

5）第五类（C_5）

包含 111 个评价单元，G_2 和 G_4 共同作用为主要的分类规则。这一类的特点为：脆弱控制性指标都很低；脆弱压力性指标中人口较高，土地垦殖率最高，其他压力性指标都很低。

6）第六类（C_6）

包含 34 个评价单元，G_4 和 G_5 共同作用为主要的分类规则。这一类的特点为：脆弱控制性指标中的森里覆盖率和生物丰度处于中等水平，环保应急参数较高；脆弱压力性指标中人口较高，土地垦殖率处于中等水平，有关水质的 3 个压力性指标都较高，其他压力性指标较低。

7）第七类（C_7）

包含 24 个评价单元，G_1 为主要的分类规则。这一类的特点为：主要为水源地所在地。脆弱压力性指标中有关水源地指标最高，人口数量和土地垦殖率中等偏上，河流 3 项指标较高，其他压力性指标都很低；脆弱控制性指标都很高。

8）第八类（C_8）

包含 43 个评价单元，G_3 为主要的分类规则。这一类的特点为：人口、脆弱人群、经济、土地垦殖、环保应急能力都很高；其他指标较低。

9）第九类（C_9）

包含 50 个评价单元，G_5 为主要的分类规则。这一类的特点为：河流面积比重较大，水环境功能区划较高，且水质较差；人口、土地垦殖率和环保应急能力较高；其他指标都很低。

10）第十类（C_{10}）

包含 49 个评价单元，G_1 为主要的分类规则。这一类的特点为：主要为自然保护区所在地。脆弱压力性指标中有关自然保护区的指标最高，人口、土地垦殖率、环保应急能力和涉及河流 3 项指标也较高，其他指标较低。

（2）HDT 偏序排序

对 SOM 聚类的评价单元各项环境脆弱性指标参数求均值，对求均值后的聚类结果执行 HDT 程序模块进行哈斯图偏序排序。各项聚类区域环境脆弱性评价结果执行 HDT 偏序排序后，10 项聚类划分为 5 个等级（见图 5-13）：等级 1（L_1）仅包含一个聚类项 C_1；等级 2（L_2）也包含一项 C3；等级 3（L_3）包含两个聚类项 C_5 和 C_6；等级 4（L_4）包含三个聚类项 C_2、C_4 和 C_9；等级 5（L_5）包含三个聚类项 C_7、C_8 和 C_{10}。在 HDT 排序图中越处于最下方等级的环境脆弱性越低，越处于最上方等级的环境脆弱性越高。

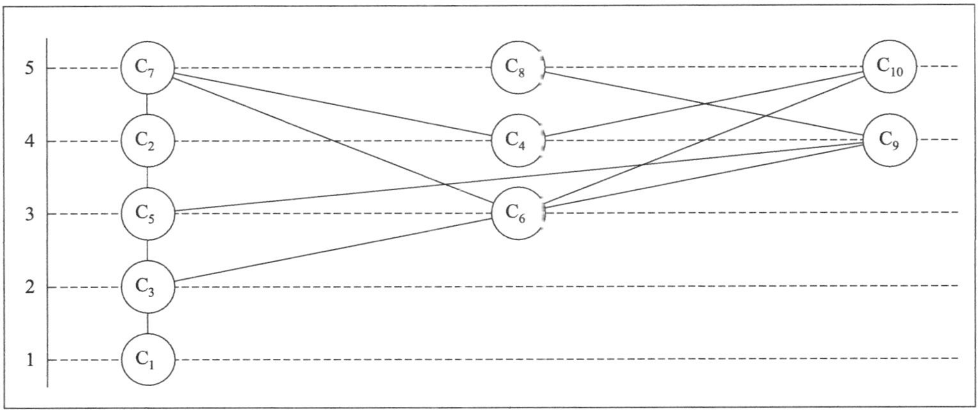

图 5-13　HDT 评价单元聚类排序

(3) 区域环境脆弱性综合评价等级

根据 SOM 评价单元聚类和 HDT 的评价单元聚类排序结果，得出哈尔滨市 554 个评价单元环境脆弱性等级结果（见图 5-14，详见书后彩图）。对评价单元进行栅格化处理得到哈尔滨市全市域的环境脆弱性分布（见图 5-15，详见书后彩图）。

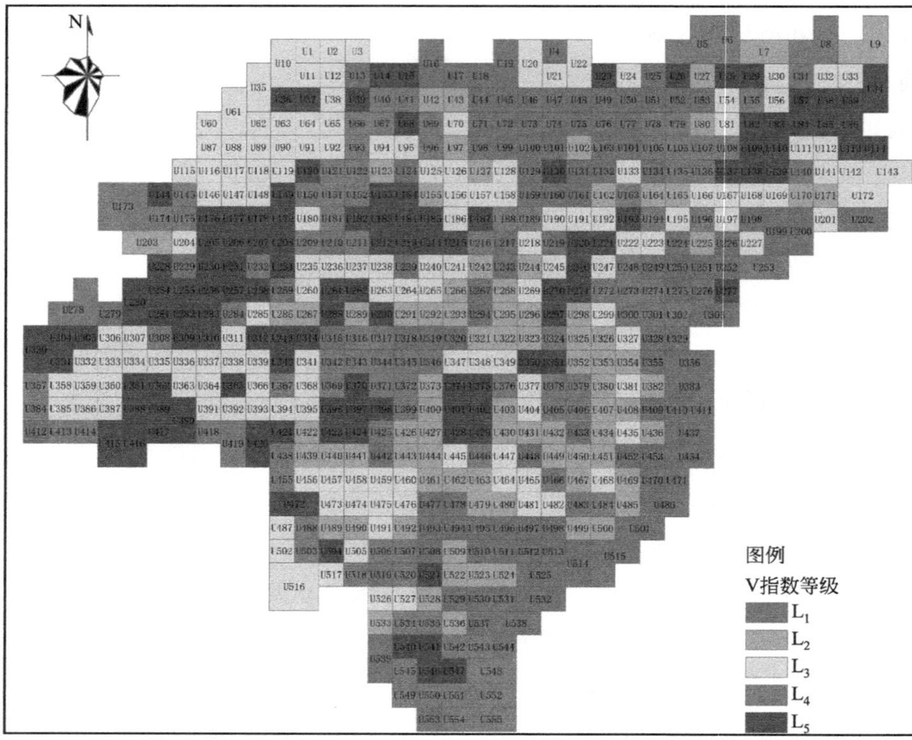

图 5-14　哈尔滨市评价单元区域环境脆弱性指数等级分布（见书后彩图）

通过图 5-15 得出：哈尔滨市中部环境脆弱性较低，环境污染承载力较高；哈尔滨市西部尤其是哈尔滨市区以及东北部环境脆弱性较高，环境污染承载力较低。松花江流域哈尔滨段上游区域为哈尔滨市主城区，环境脆弱性的主要因素为总人口、脆弱性人口及经济产值，因此环境脆弱性等级高；松花江流域哈尔滨段中上游区域地表水水量较大，执行水环境功能区级别较高，但水质质量较差，土地垦殖率较高，还有自然保护区坐落其中，而控制性指标中的森林覆盖率和生物

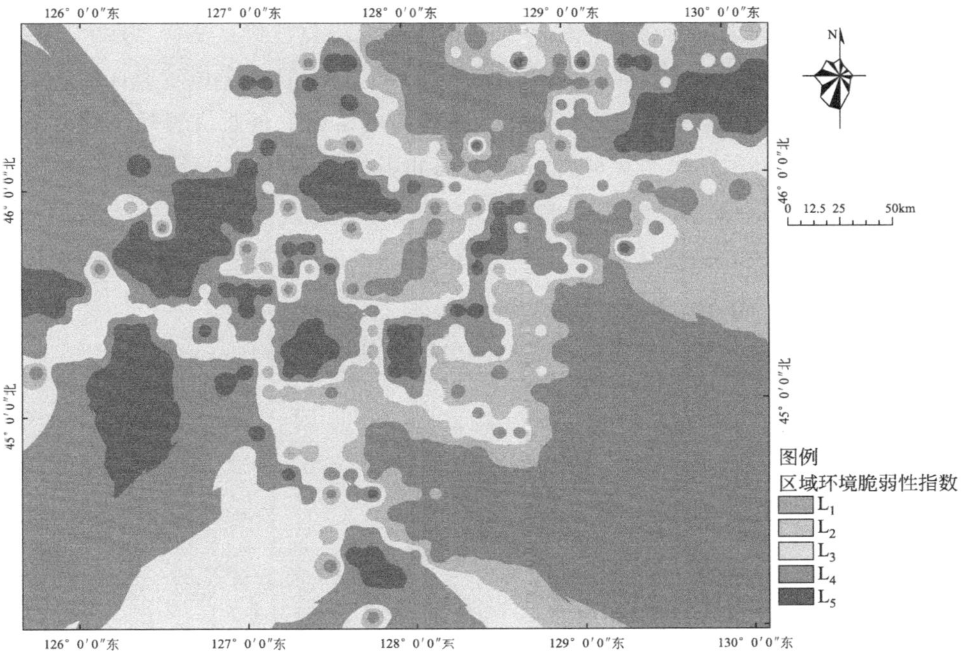

图 5-15　区域环境脆弱性指数评价单元栅格化处理（见书后彩图）

丰度指数较低，环保应急能力处于中等水平，因此环境脆弱性等级较高；松花江流域哈尔滨段中下游区域压力性指标都较低，而控制性指标中的森林覆盖率和生物丰度指数较高，因此该区域的环境脆弱性指数较低；松花江流域哈尔滨段下游区域主要处于依兰县境内，境内受自然保护区、土地垦殖率较高及水质不佳的压力性指标影响，而控制性指标中的森林覆盖率和生物丰度指数不高，大部分环境脆弱性较高。

5.3.3　流域受体暴露性（E）指数分析

5.3.3.1　E 评价样本点的确定

本书实例研究所选取的风险源都为可溶性污染物，根据污染物动态多介质迁移转化模型，预测出所选的风险源发生事故后事故影响范围均超过哈尔滨江段，且风险源所影响的河流均为松花江干流。

受体暴露性指数是依据单元格所在河段为单位进行评价，事故预测影响范围河段的数量根据风险源不同而不同：SL01 \ SY01 \ ZY01 3 个风险源在哈尔滨市具有相同的影响范围，拥有 27 个河段；由于 ZM 煤化工企业位置处于哈尔滨市下游，因此 ZM01～04 4 个风险源在哈尔滨的影响范围拥有 5 个河段；其他 14 个风险源在哈尔滨市的影响范围拥有 26 个河段。将河段进行编码并将每个风险源对应的每个河段作为受体暴露性指数评价点，那么整个哈尔滨市风险源的受体暴露评价点共计 465 个。

松花江流域哈尔滨段暴露性河段的划分结果如图 5-16 所示。

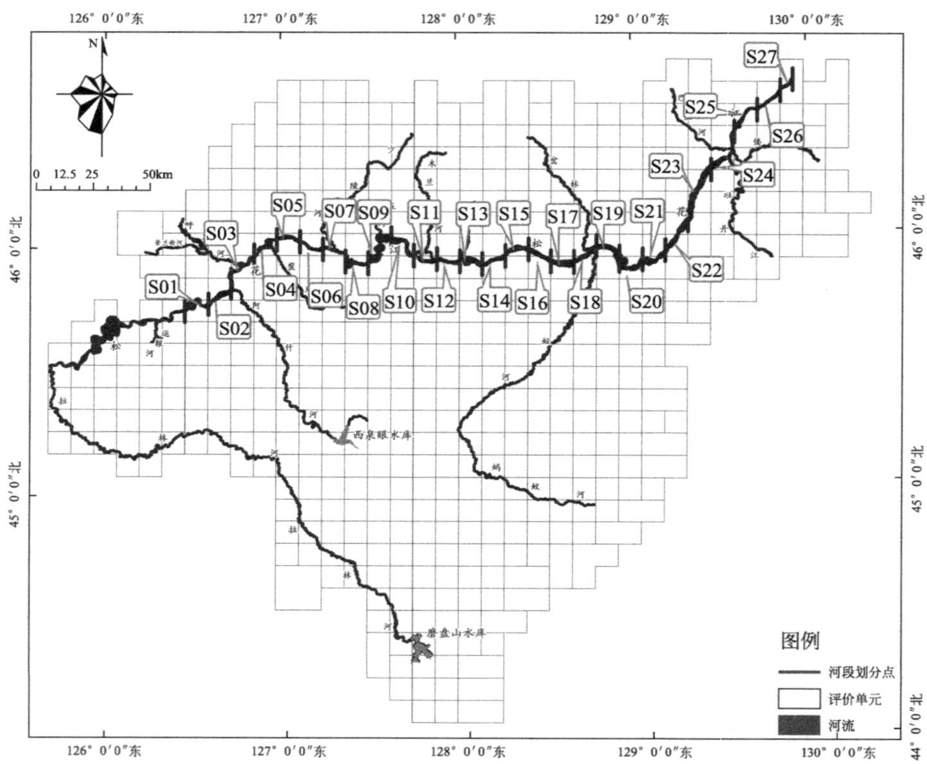

图 5-16 松花江流域哈尔滨段暴露性河段的划分

5.3.3.2 E 指标参数计算

根据污染物动态多介质迁移转化模型，模拟出每个风险源最大可信事故类型污染物进入水体后浓度变化状况，依次预测出每一江段不同时刻污染物的浓度、最大浓度以及影响的纵向范围。根据模拟预测结果调用暴露压力性指标的计算方法，得出哈尔滨市每个风险源在每个江段的超标倍数、生态毒性效应，根据参数分级标准进行分级。

每个受体暴露性指标参数拥有动态（E_{1it}，E_{2it}）和峰值（$E_{1i\max}$，$E_{2i\max}$）两套计算公式，分别参与下一步风险综合评价中的动态分区和峰值分区。

（1）动态暴露性指标参数

将 21 个风险源以小时为时间单位在不同河段产生的暴露性指标参数进行计算和评价。由于数据量太大，是由 SARMIS 系统计算得出，本书不能一一列出，只选用其中一个风险源 LX03 为实例以一天 24h 为时间单位，选取了 6d 进行风险动态分区评价的实例演示。风险源 LX03 在哈尔滨江段 E_{1it} 和 E_{2it} 的等级取值范围结果如表 5-8 与表 5-9 所列。

表 5-8 LX03 超标倍数参数 E_{1it} 等级划分

河段编码	t_1	t_2	t_3	t_4	t_5	t_6
S1	Ⅰ	Ⅰ	Ⅱ	Ⅲ	Ⅳ	—
S2	Ⅰ	Ⅰ	Ⅱ	Ⅲ	Ⅳ	—
S3	Ⅰ	Ⅰ	Ⅱ	Ⅲ	Ⅳ	—
S4	Ⅰ	Ⅰ	Ⅱ	Ⅲ	Ⅳ	—
S5	Ⅰ	Ⅰ	Ⅱ	Ⅲ	Ⅳ	—
S6	Ⅰ	Ⅰ	Ⅱ	Ⅲ	Ⅳ	—
S7	—	Ⅰ	Ⅱ	Ⅱ	Ⅳ	—
S8	—	Ⅰ	Ⅱ	Ⅱ	Ⅲ	—
S9	—	Ⅰ	Ⅱ	Ⅱ	Ⅲ	Ⅳ
S10	—	Ⅰ	Ⅱ	Ⅱ	Ⅲ	Ⅳ
S11	—	Ⅰ	Ⅱ	Ⅱ	Ⅲ	Ⅳ
S12	—	Ⅰ	Ⅱ	Ⅱ	Ⅲ	Ⅳ
S13	—	—	Ⅰ	Ⅱ	Ⅲ	Ⅳ
S14	—	—	Ⅰ	Ⅱ	Ⅲ	Ⅳ

续表

河段编码	t_1	t_2	t_3	t_4	t_5	t_6
S15	—	—	Ⅰ	Ⅱ	Ⅲ	Ⅳ
S16	—	—	Ⅰ	Ⅱ	Ⅱ	Ⅳ
S17	—	—	Ⅰ	Ⅱ	Ⅱ	Ⅳ
S18	—	—	Ⅰ	Ⅱ	Ⅱ	Ⅲ
S19	—	—	Ⅰ	Ⅱ	Ⅱ	Ⅲ
S20	—	—	Ⅰ	Ⅱ	Ⅱ	Ⅲ
S21	—	—	Ⅰ	Ⅰ	Ⅱ	Ⅲ
S22	—	—	Ⅰ	Ⅰ	Ⅱ	Ⅲ
S23	—	—	Ⅰ	Ⅰ	Ⅱ	Ⅲ
S24	—	—	Ⅰ	Ⅰ	Ⅱ	Ⅲ
S25	—	—	Ⅰ	Ⅰ	Ⅱ	Ⅲ
S26	—	—	Ⅰ	Ⅰ	Ⅱ	Ⅲ

表 5-9 LX03 生态毒性效应参数E_{2it} 等级划分

河段编码	t_1	t_2	t_3	t_4	t_5	t_6
S1	Ⅰ	Ⅰ	Ⅱ	Ⅲ	Ⅳ	Ⅳ
S2	Ⅰ	Ⅰ	Ⅱ	Ⅲ	Ⅳ	Ⅳ
S3	Ⅰ	Ⅰ	Ⅱ	Ⅲ	Ⅳ	Ⅳ
S4	Ⅰ	Ⅰ	Ⅱ	Ⅱ	Ⅲ	Ⅳ
S5	Ⅰ	Ⅰ	Ⅱ	Ⅱ	Ⅲ	Ⅳ
S6	Ⅰ	Ⅰ	Ⅱ	Ⅱ	Ⅲ	Ⅳ
S7	—	Ⅰ	Ⅱ	Ⅱ	Ⅲ	Ⅳ
S8	—	Ⅰ	Ⅱ	Ⅱ	Ⅲ	Ⅳ
S9	—	Ⅰ	Ⅰ	Ⅱ	Ⅲ	Ⅳ
S10	—	Ⅰ	Ⅰ	Ⅱ	Ⅲ	Ⅳ
S11	—	Ⅰ	Ⅰ	Ⅱ	Ⅲ	Ⅳ
S12	—	Ⅰ	Ⅰ	Ⅱ	Ⅱ	Ⅳ
S13	—	—	Ⅰ	Ⅱ	Ⅱ	Ⅳ
S14	—	—	Ⅰ	Ⅱ	Ⅱ	Ⅳ
S15	—	—	Ⅰ	Ⅱ	Ⅱ	Ⅳ
S16	—	—	Ⅰ	Ⅰ	Ⅱ	Ⅳ

续表

河段编码	t_1	t_2	t_3	t_4	t_5	t_6
S17	—	—	Ⅰ	Ⅰ	Ⅱ	Ⅳ
S18	—	—	Ⅰ	Ⅰ	Ⅱ	Ⅲ
S19	—	—	Ⅰ	Ⅰ	Ⅱ	Ⅲ
S20	—	—	Ⅰ	Ⅰ	Ⅱ	Ⅲ
S21	—	—	—	Ⅰ	Ⅱ	Ⅲ
S22	—	—	—	Ⅰ	Ⅱ	Ⅲ
S23	—	—	—	Ⅰ	Ⅱ	Ⅱ
S24	—	—	—	Ⅰ	Ⅰ	Ⅱ
S25	—	—	—	Ⅰ	Ⅰ	Ⅱ
S26	—	—	—	Ⅰ	Ⅰ	Ⅱ

（2）峰值暴露性指标参数

将 21 个风险源在不同河段预测的污染物浓度峰值所产生的暴露性指标参数进行计算和评价，得出哈尔滨市风险源在哈尔滨江段 $E_{1i\max}$ 和 $E_{2i\max}$ 的等级取值范围结果如表 5-10 与表 5-11 所列。

表 5-10　哈尔滨市受体暴露性指标——超标倍数参数 $E_{1i\max}$ 等级划分

河段编码	ZM 01	ZM 02	ZM 03	ZM 04	HS 01	HS 02	HS 03	LX 01	LX 02	LX 03	LX 04	LX 05	HY 01	YM 01	HE 01	DJ 01	SJ 01	YL 01	SL 01	SY 01	ZY 01
S1	—	—	—	—	—	—	—	—	—	—	—	—	—	—	—	—	—	—	Ⅱ	Ⅱ	Ⅰ
S2	—	—	—	—	Ⅰ	Ⅰ	Ⅱ	Ⅰ	Ⅱ	Ⅰ	Ⅰ	Ⅱ	Ⅲ	Ⅲ	Ⅱ	Ⅳ	Ⅱ	Ⅲ	Ⅱ	Ⅱ	Ⅰ
S3	—	—	—	—	Ⅰ	Ⅰ	Ⅱ	Ⅰ	Ⅱ	Ⅰ	Ⅰ	Ⅱ	Ⅲ	Ⅲ	Ⅱ	Ⅳ	Ⅲ	Ⅲ	Ⅱ	Ⅱ	Ⅰ
S4	—	—	—	—	Ⅰ	Ⅰ	Ⅱ	Ⅰ	Ⅱ	Ⅰ	Ⅰ	Ⅱ	Ⅲ	Ⅲ	Ⅱ	Ⅳ	Ⅲ	Ⅲ	Ⅱ	Ⅱ	Ⅰ
S5	—	—	—	—	Ⅰ	Ⅰ	Ⅱ	Ⅰ	Ⅱ	Ⅰ	Ⅰ	Ⅱ	Ⅲ	Ⅲ	Ⅱ	Ⅳ	Ⅲ	Ⅲ	Ⅱ	Ⅱ	Ⅰ
S6	—	—	—	—	Ⅰ	Ⅰ	Ⅱ	Ⅰ	Ⅱ	Ⅰ	Ⅰ	Ⅱ	Ⅲ	Ⅲ	Ⅲ	Ⅳ	Ⅲ	Ⅲ	Ⅱ	Ⅱ	Ⅰ
S7	—	—	—	—	Ⅰ	Ⅰ	Ⅱ	Ⅰ	Ⅱ	Ⅰ	Ⅰ	Ⅱ	Ⅲ	Ⅲ	Ⅲ	Ⅳ	Ⅲ	Ⅲ	Ⅱ	Ⅱ	Ⅰ
S8	—	—	—	—	Ⅰ	Ⅰ	Ⅱ	Ⅰ	Ⅱ	Ⅰ	Ⅰ	Ⅱ	Ⅲ	Ⅲ	Ⅲ	Ⅳ	Ⅲ	Ⅲ	Ⅱ	Ⅱ	Ⅰ
S9	—	—	—	—	Ⅰ	Ⅰ	Ⅱ	Ⅰ	Ⅱ	Ⅰ	Ⅰ	Ⅱ	Ⅲ	Ⅲ	Ⅲ	Ⅳ	Ⅲ	Ⅲ	Ⅱ	Ⅱ	Ⅰ
S10	—	—	—	—	Ⅰ	Ⅰ	Ⅱ	Ⅰ	Ⅱ	Ⅰ	Ⅰ	Ⅱ	Ⅲ	Ⅲ	Ⅲ	Ⅳ	Ⅲ	Ⅲ	Ⅱ	Ⅱ	Ⅰ
S11	—	—	—	—	Ⅱ	Ⅰ	Ⅱ	Ⅰ	Ⅱ	Ⅰ	Ⅰ	Ⅱ	Ⅲ	Ⅲ	Ⅲ	Ⅳ	Ⅲ	Ⅲ	Ⅱ	Ⅱ	Ⅰ
S12	—	—	—	—	Ⅱ	Ⅰ	Ⅱ	Ⅰ	Ⅱ	Ⅰ	Ⅰ	Ⅱ	Ⅲ	Ⅲ	Ⅲ	Ⅳ	Ⅲ	Ⅲ	Ⅱ	Ⅳ	Ⅰ

续表

河段编码	ZM01	ZM02	ZM03	ZM04	HS01	HS02	HS03	LX01	LX02	LX03	LX04	LX05	HY01	YM01	HE01	DJ01	SJ01	YL01	SL01	SY01	ZY01
S13	—	—	—	—	Ⅱ	Ⅰ	Ⅱ	Ⅰ	Ⅱ	Ⅰ	Ⅰ	Ⅱ	Ⅲ	Ⅲ	Ⅲ	Ⅳ	Ⅲ	Ⅲ	Ⅱ	Ⅳ	Ⅰ
S14	—	—	—	—	Ⅱ	Ⅰ	Ⅱ	Ⅰ	Ⅱ	Ⅰ	Ⅰ	Ⅱ	Ⅲ	Ⅲ	Ⅲ	Ⅳ	Ⅲ	Ⅲ	Ⅱ	Ⅳ	Ⅰ
S15	—	—	—	—	Ⅱ	Ⅰ	Ⅱ	Ⅰ	Ⅱ	Ⅰ	Ⅰ	Ⅱ	Ⅲ	Ⅲ	Ⅲ	Ⅳ	Ⅲ	Ⅲ	Ⅱ	Ⅳ	Ⅰ
S16	—	—	—	—	Ⅱ	Ⅰ	Ⅱ	Ⅰ	Ⅱ	Ⅰ	Ⅰ	Ⅱ	Ⅲ	Ⅲ	Ⅲ	Ⅳ	Ⅲ	Ⅲ	Ⅱ	Ⅳ	Ⅰ
S17	—	—	—	—	Ⅱ	Ⅰ	Ⅱ	Ⅰ	Ⅱ	Ⅰ	Ⅰ	Ⅱ	Ⅲ	Ⅲ	Ⅲ	Ⅳ	Ⅲ	Ⅲ	Ⅱ	Ⅳ	Ⅰ
S18	—	—	—	—	Ⅱ	Ⅰ	Ⅱ	Ⅰ	Ⅱ	Ⅰ	Ⅰ	Ⅱ	Ⅲ	Ⅲ	Ⅲ	Ⅳ	Ⅲ	Ⅲ	Ⅱ	Ⅳ	Ⅰ
S19	—	—	—	—	Ⅱ	Ⅰ	Ⅱ	Ⅰ	Ⅱ	Ⅰ	Ⅰ	Ⅱ	Ⅲ	Ⅲ	Ⅲ	Ⅳ	Ⅲ	Ⅲ	Ⅱ	Ⅳ	Ⅰ
S20	—	—	—	—	Ⅱ	Ⅰ	Ⅱ	Ⅰ	Ⅱ	Ⅰ	Ⅰ	Ⅱ	Ⅲ	Ⅲ	Ⅲ	Ⅳ	Ⅲ	Ⅲ	Ⅱ	Ⅳ	Ⅰ
S21	—	—	—	—	Ⅱ	Ⅰ	Ⅱ	Ⅰ	Ⅱ	Ⅰ	Ⅰ	Ⅱ	Ⅲ	Ⅲ	Ⅲ	Ⅳ	Ⅲ	Ⅲ	Ⅱ	Ⅳ	Ⅰ
S22	—	—	—	—	Ⅱ	Ⅰ	Ⅱ	Ⅰ	Ⅲ	Ⅰ	Ⅰ	Ⅱ	Ⅳ	Ⅲ	Ⅲ	Ⅳ	Ⅲ	Ⅲ	Ⅱ	Ⅳ	Ⅰ
S23	Ⅰ	Ⅰ	Ⅰ	Ⅱ	Ⅱ	Ⅰ	Ⅱ	Ⅰ	Ⅲ	Ⅰ	Ⅰ	Ⅲ	Ⅳ	Ⅲ	Ⅲ	Ⅳ	Ⅲ	Ⅳ	Ⅲ	Ⅳ	Ⅰ
S24	Ⅰ	Ⅰ	Ⅰ	Ⅳ	Ⅱ	Ⅱ	Ⅲ	Ⅰ	Ⅲ	Ⅰ	Ⅰ	Ⅲ	Ⅳ	Ⅳ	Ⅲ	Ⅳ	Ⅲ	Ⅳ	Ⅲ	Ⅳ	Ⅱ
S25	Ⅰ	Ⅰ	Ⅰ	Ⅳ	Ⅱ	Ⅱ	Ⅲ	Ⅰ	Ⅲ	Ⅰ	Ⅰ	Ⅲ	Ⅳ	Ⅳ	Ⅳ	Ⅳ	Ⅳ	Ⅳ	Ⅲ	Ⅳ	Ⅱ
S26	Ⅰ	Ⅰ	Ⅱ	Ⅳ	Ⅱ	Ⅱ	Ⅲ	Ⅰ	Ⅲ	Ⅰ	Ⅰ	Ⅲ	Ⅳ	Ⅳ	Ⅳ	Ⅳ	Ⅳ	Ⅳ	Ⅳ	Ⅳ	Ⅱ
S27	Ⅰ	Ⅰ	Ⅱ	Ⅳ	Ⅱ	Ⅱ	Ⅲ	Ⅰ	Ⅲ	Ⅰ	Ⅰ	Ⅲ	Ⅳ	Ⅳ	Ⅳ	Ⅳ	Ⅳ	Ⅳ	Ⅳ	Ⅳ	Ⅲ

表 5-11　哈尔滨市受体暴露性指标——生态毒性效应$E_{2i\max}$等级划分

河段编码	ZM01	ZM02	ZM03	ZM04	HS01	HS02	HS03	LX01	LX02	LX03	LX04	LX05	HY01	YM01	HE01	DJ01	SJ01	YL01	SL01	SY01	ZY01
S1	—	—	—	—	—	—	—	—	—	—	—	—	—	—	—	—	—	—	Ⅱ	Ⅰ	Ⅰ
S2	—	—	—	—	Ⅱ	Ⅰ	Ⅰ	Ⅰ	Ⅰ	Ⅰ	Ⅰ	Ⅰ	Ⅰ	Ⅱ	Ⅰ	Ⅳ	Ⅰ	Ⅰ	Ⅱ	Ⅰ	Ⅰ
S3	—	—	—	—	Ⅱ	Ⅰ	Ⅰ	Ⅰ	Ⅰ	Ⅰ	Ⅰ	Ⅰ	Ⅰ	Ⅱ	Ⅰ	Ⅳ	Ⅱ	Ⅰ	Ⅱ	Ⅰ	Ⅰ
S4	—	—	—	—	Ⅱ	Ⅰ	Ⅰ	Ⅰ	Ⅰ	Ⅰ	Ⅰ	Ⅰ	Ⅰ	Ⅱ	Ⅰ	Ⅳ	Ⅱ	Ⅰ	Ⅱ	Ⅰ	Ⅰ
S5	—	—	—	—	Ⅱ	Ⅰ	Ⅰ	Ⅰ	Ⅰ	Ⅰ	Ⅰ	Ⅰ	Ⅰ	Ⅱ	Ⅰ	Ⅳ	Ⅱ	Ⅰ	Ⅱ	Ⅰ	Ⅰ
S6	—	—	—	—	Ⅱ	Ⅰ	Ⅰ	Ⅰ	Ⅰ	Ⅰ	Ⅰ	Ⅰ	Ⅰ	Ⅱ	Ⅰ	Ⅳ	Ⅱ	Ⅰ	Ⅱ	Ⅰ	Ⅰ
S7	—	—	—	—	Ⅱ	Ⅰ	Ⅰ	Ⅰ	Ⅰ	Ⅰ	Ⅰ	Ⅰ	Ⅰ	Ⅱ	Ⅰ	Ⅳ	Ⅱ	Ⅰ	Ⅱ	Ⅰ	Ⅰ
S8	—	—	—	—	Ⅱ	Ⅰ	Ⅰ	Ⅰ	Ⅰ	Ⅰ	Ⅰ	Ⅰ	Ⅰ	Ⅱ	Ⅱ	Ⅳ	Ⅱ	Ⅰ	Ⅱ	Ⅰ	Ⅰ
S9	—	—	—	—	Ⅱ	Ⅰ	Ⅰ	Ⅰ	Ⅰ	Ⅰ	Ⅰ	Ⅰ	Ⅰ	Ⅱ	Ⅱ	Ⅳ	Ⅱ	Ⅰ	Ⅱ	Ⅰ	Ⅰ
S10	—	—	—	—	Ⅲ	Ⅰ	Ⅰ	Ⅰ	Ⅰ	Ⅰ	Ⅰ	Ⅰ	Ⅰ	Ⅱ	Ⅱ	Ⅳ	Ⅱ	Ⅰ	Ⅱ	Ⅰ	Ⅰ
S11	—	—	—	—	Ⅲ	Ⅰ	Ⅰ	Ⅰ	Ⅰ	Ⅰ	Ⅰ	Ⅰ	Ⅰ	Ⅱ	Ⅱ	Ⅳ	Ⅱ	Ⅰ	Ⅱ	Ⅰ	Ⅰ
S12	—	—	—	—	Ⅲ	Ⅰ	Ⅰ	Ⅰ	Ⅰ	Ⅰ	Ⅰ	Ⅰ	Ⅰ	Ⅱ	Ⅱ	Ⅳ	Ⅱ	Ⅰ	Ⅱ	Ⅰ	Ⅰ

续表

河段编码	ZM01	ZM02	ZM03	ZM04	HS01	HS02	HS03	LX01	LX02	LX03	LX04	LX05	HY01	YM01	HE01	DJ01	SJ01	YL01	SL01	SY01	ZY01
S13	—	—	—	—	Ⅲ	Ⅰ	Ⅰ	Ⅰ	Ⅰ	Ⅰ	Ⅰ	Ⅰ	Ⅰ	Ⅱ	Ⅱ	Ⅳ	Ⅱ	Ⅰ	Ⅱ	Ⅰ	Ⅰ
S14	—	—	—	—	Ⅲ	Ⅱ	Ⅰ	Ⅰ	Ⅰ	Ⅰ	Ⅰ	Ⅰ	Ⅰ	Ⅱ	Ⅱ	Ⅳ	Ⅱ	Ⅰ	Ⅱ	Ⅰ	Ⅰ
S15	—	—	—	—	Ⅲ	Ⅱ	Ⅰ	Ⅰ	Ⅰ	Ⅰ	Ⅰ	Ⅰ	Ⅰ	Ⅱ	Ⅱ	Ⅳ	Ⅱ	Ⅰ	Ⅱ	Ⅰ	Ⅰ
S16	—	—	—	—	Ⅲ	Ⅱ	Ⅰ	Ⅰ	Ⅰ	Ⅰ	Ⅰ	Ⅰ	Ⅰ	Ⅱ	Ⅱ	Ⅳ	Ⅱ	Ⅰ	Ⅱ	Ⅰ	Ⅰ
S17	—	—	—	—	Ⅲ	Ⅱ	Ⅰ	Ⅰ	Ⅰ	Ⅰ	Ⅰ	Ⅰ	Ⅰ	Ⅱ	Ⅱ	Ⅳ	Ⅱ	Ⅰ	Ⅱ	Ⅰ	Ⅰ
S18	—	—	—	—	Ⅲ	Ⅱ	Ⅰ	Ⅰ	Ⅰ	Ⅰ	Ⅰ	Ⅰ	Ⅰ	Ⅱ	Ⅱ	Ⅳ	Ⅱ	Ⅰ	Ⅱ	Ⅰ	Ⅰ
S19	—	—	—	—	Ⅲ	Ⅱ	Ⅰ	Ⅰ	Ⅰ	Ⅰ	Ⅰ	Ⅰ	Ⅰ	Ⅱ	Ⅱ	Ⅳ	Ⅱ	Ⅰ	Ⅱ	Ⅰ	Ⅰ
S20	—	—	—	—	Ⅲ	Ⅱ	Ⅰ	Ⅰ	Ⅰ	Ⅰ	Ⅰ	Ⅰ	Ⅰ	Ⅱ	Ⅱ	Ⅳ	Ⅱ	Ⅰ	Ⅱ	Ⅰ	Ⅰ
S21	—	—	—	—	Ⅲ	Ⅱ	Ⅰ	Ⅰ	Ⅰ	Ⅰ	Ⅰ	Ⅰ	Ⅰ	Ⅱ	Ⅱ	Ⅳ	Ⅱ	Ⅰ	Ⅲ	Ⅰ	Ⅰ
S22	—	—	—	—	Ⅲ	Ⅱ	Ⅰ	Ⅰ	Ⅰ	Ⅰ	Ⅰ	Ⅰ	Ⅰ	Ⅱ	Ⅱ	Ⅳ	Ⅱ	Ⅰ	Ⅲ	Ⅰ	Ⅰ
S23	Ⅰ	Ⅰ	Ⅰ	Ⅰ	Ⅲ	Ⅱ	Ⅰ	Ⅰ	Ⅰ	Ⅰ	Ⅰ	Ⅰ	Ⅰ	Ⅱ	Ⅱ	Ⅳ	Ⅱ	Ⅰ	Ⅲ	Ⅰ	Ⅰ
S24	Ⅰ	Ⅰ	Ⅰ	Ⅰ	Ⅲ	Ⅱ	Ⅰ	Ⅰ	Ⅰ	Ⅰ	Ⅰ	Ⅰ	Ⅰ	Ⅲ	Ⅱ	Ⅳ	Ⅱ	Ⅰ	Ⅲ	Ⅰ	Ⅱ
S25	Ⅰ	Ⅰ	Ⅰ	Ⅰ	Ⅲ	Ⅱ	Ⅰ	Ⅰ	Ⅰ	Ⅰ	Ⅰ	Ⅰ	Ⅱ	Ⅲ	Ⅲ	Ⅳ	Ⅲ	Ⅰ	Ⅲ	Ⅱ	Ⅱ
S26	Ⅰ	Ⅰ	Ⅰ	Ⅰ	Ⅲ	Ⅱ	Ⅰ	Ⅰ	Ⅰ	Ⅰ	Ⅰ	Ⅰ	Ⅱ	Ⅲ	Ⅲ	Ⅳ	Ⅲ	Ⅱ	Ⅳ	Ⅱ	Ⅱ
S27	Ⅰ	Ⅰ	Ⅰ	Ⅰ	Ⅲ	Ⅱ	Ⅰ	Ⅰ	Ⅰ	Ⅰ	Ⅰ	Ⅰ	Ⅱ	Ⅲ	Ⅲ	Ⅳ	Ⅲ	Ⅱ	Ⅳ	Ⅱ	Ⅲ

根据暴露性参数等级划分结果，用数据标准化模型对参数进行标准化赋值。

5.3.3.3 E 指数动态评价

（1）SOM 聚类分析

根据上文得出的风险源 LX03 在不同时刻对各个河段产生的暴露性参数等级赋值状况，通过 SOM 程序得出所有输入风险源 LX03 在不同时刻针对各个河段产生的暴露性参数的组分平面图及 U-matrix，如图 5-17 所示（详见书后彩图）。组分平面图依据所在的位置及色阶表示对象之间的内在变化关系，通过 SOM 组分平面图可以轻易看出它们的相似性及分布状况。

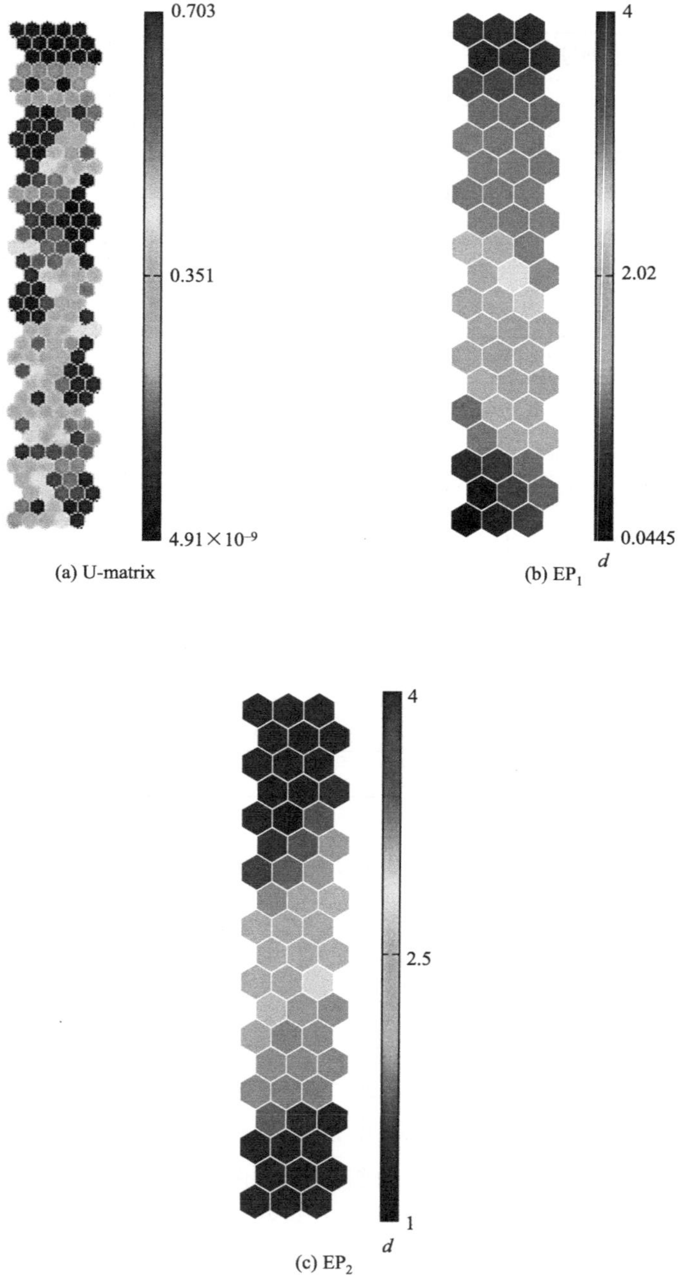

图 5-17　LX03 受体动态暴露性参数 SOM 组分平面图（见文后彩图）

通过 SOM 的 Davies-Bouldin 指数法对 116 个评价点进行聚类，通过聚类得到 19 行 3 列的神经元细胞的聚类平面图，在聚类平面图中每一个颜色代表一项聚类，聚类结果分为以下 8 类（见图 5-18，详见书后彩图）：C_1 ～C_8 分别包含

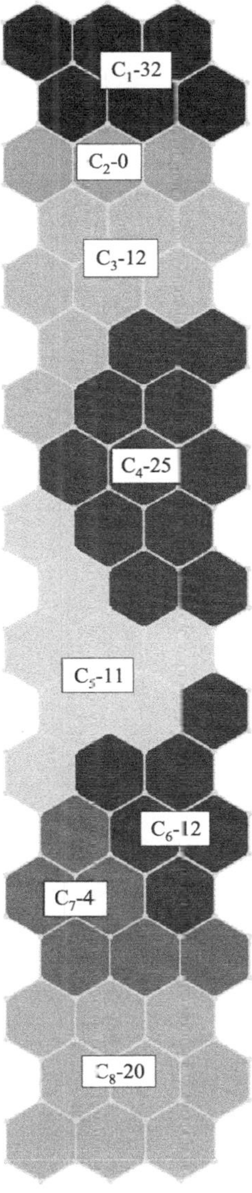

图 5-18　LX03 受体动态暴露性 SOM 聚类结果（见书后彩图）

32 个、0 个、12 个、25 个、11 个、12 个、4 个、20 个评价单元。其中第 2 类为空项，所以有效聚类为 7 类。

（2）HDT 偏序排序

对 SOM 聚类的各项参数求均值，对求均值后的聚类结果利用 HDT 程序进行哈斯图偏序排序。在 HDT 软件程序中执行对各项聚类流域受体暴露性评价结果排序。同一个风险源标准值和 LC50 都相同，而预测的各个河段的浓度值又呈线性关系，因此 7 项聚类都具有可比性，在 HDT 排序结果中（图 5-19）呈现一条垂直的等级链，等级由 C_1、C_3～C_8 依次递减。在 HDT 排序图中越处于最下方等级的受体暴露性越低，越处于最上方等级的受体暴露性越高。

图 5-19　LX03-HDT 受体动态暴露性聚类排序

（3）受体动态暴露性指数评价等级

根据 SOM 聚类和 HDT 的排序结果，得出风险源 LX03 对应河段在 6 个不同的时刻所产生的暴露性指数等级结果（见表 5-12）。从表 5-12 所列结果可以看出第 1 天暴露性影响到河段 2～7，第 2 天影响河段 2～13，且前 2 天在影响河段内产生暴露性等级一直处于最高水平；第 3 天上游风险水平开始减弱；第 4 天影响了整个哈尔滨河段；在第 6 天开始暴露性从上游到下游依次回落到了较低等级。

表 5-12　风险源 LX03 受体动态暴露性指数（E_t）等级

河段编码	t_1	t_2	t_3	t_4	t_5	t_6
S2	7	7	5	3	1	1
S3	7	7	5	3	1	1
S4	7	7	5	3	1	1
S5	7	7	5	4	2	1
S6	7	7	5	4	2	1
S7	7	7	5	4	2	1
S8	—	7	5	5	2	1
S9	—	7	5	5	3	1
S10	—	7	6	5	3	1
S11	—	7	6	5	3	1
S12	—	7	6	5	3	1
S13	—	7	6	5	4	1
S14	—	—	7	5	4	1
S15	—	—	7	5	4	1
S16	—	—	7	5	4	1
S17	—	—	7	6	5	1
S18	—	—	7	6	5	1
S19	—	—	7	6	5	3
S20	—	—	7	6	5	3
S21	—	—	7	6	5	3
S22	—	—	—	7	5	3
S23	—	—	—	7	5	3
S24	—	—	—	7	5	4
S25	—	—	—	7	6	4
S26	—	—	—	7	6	4
S27	—	—	—	7	6	4

5.3.3.4 E 指数峰值评价

（1）SOM 聚类分析

根据上文得出的哈尔滨市风险源针对各个河段产生的暴露性参数等级赋值状况，通过 SOM 程序得出所有输入风险源针对各个河段产生的暴露性参数的组分平面图及 U-matrix，如图 5-20 所示（详见书后彩图）。通过 SOM 的 Davies-Bouldin 指数法对 465 个评价点进行聚类，通过聚类得到 14 行 8 列的神经元细胞的聚类平面图，在聚类平面图中每一个颜色代表一项聚类，聚类结果分为以下 10 类（见图 5-21，详见书后彩图）。

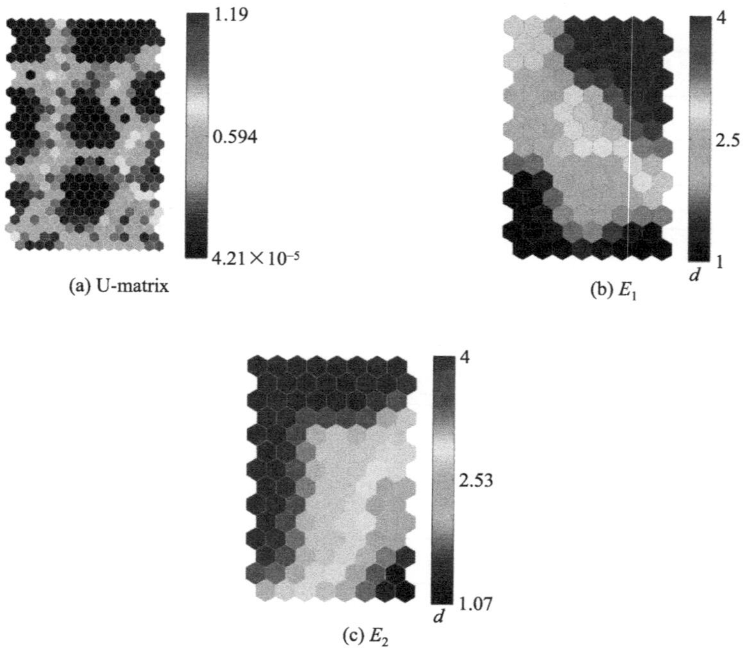

图 5-20 峰值暴露性参数 SOM 组分平面图（见书后彩图）

1）第一类（C_1）

包含 70 个评价单元，这一类的特点为：超标倍数处于中等偏上，生态毒性效应较高。

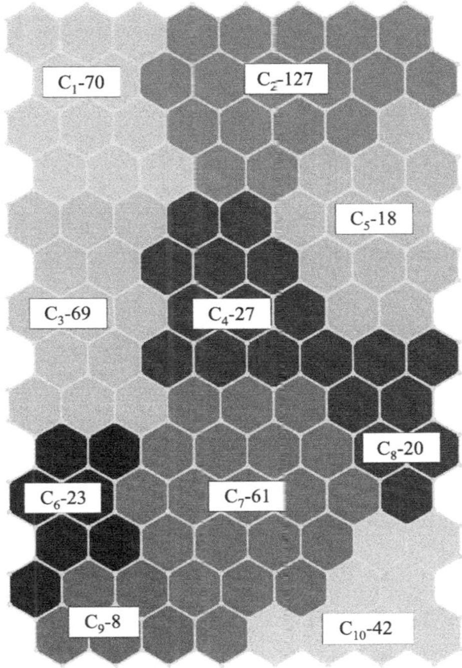

图 5-21 峰值暴露性 SOM 聚类结果（见书后彩图）

2）第二类（C_2）

包含 127 个评价单元，这一类的特点为：超标倍数与生态毒性效应值都很高。

3）第三类（C_3）

包含 69 个评价单元，这一类的特点为：超标倍数处于中等偏下，生态毒性效应较高。

4）第四类（C_4）

包含 27 个评价单元，这一类的特点为：超标倍数与生态毒性效应值都处于中等偏上水平。

5）第五类（C_5）

包含 18 个评价单元这一类的特点为：超标倍数较高，生态毒性效应处于中等偏上。

6）第六类（C_6）

包含 23 个评价单元，这一类的特点为：超标倍数处于较低水平，生态毒性效应较高。

7）第七类（C_7）

包含 61 个评价单元，超标倍数处于中等偏下，生态毒性效应处于中等偏上。

8）第八类（C_8）

包含 20 个评价单元，超标倍数处于中等偏上，生态毒性效应处于中等偏下。

9）第九类（C_9）

包含 8 个评价单元，超标倍数较低，生态毒性效应处于中等偏上。

10）第十类（C_{10}）

包含 42 个评价单元，这一类的特点为：超标倍数与生态毒性效应值都很低。

（2）HDT 偏序排序

对 SOM 聚类的风险源针对各个河段的受体暴露性指标参数求均值，对求均值后的聚类结果利用 HDT 程序进行哈斯图偏序排序。在 HDT 软件程序中对各项聚类流域受体暴露性评价结果排序，其结果为 10 项聚类划分为 6 个等级（排序结果如图 5-22 所示）：等级 1(L_1）仅包含一个聚类项 C_{10}；等级 2(L_2）也包含一项 C_9；等级 3(L_3）包含两个聚类项 C_6、C_7 和 C_8；等级 4(L_4）包含两个聚类项 C_3 和 C_4；等级 5(L_5）包含两个聚类项 C_1 和 C_5；等级 6(L_6）仅包含一个聚类项 C_2。在 HDT 排序图中越处于最下方等级的受体暴露性越低，越处于最

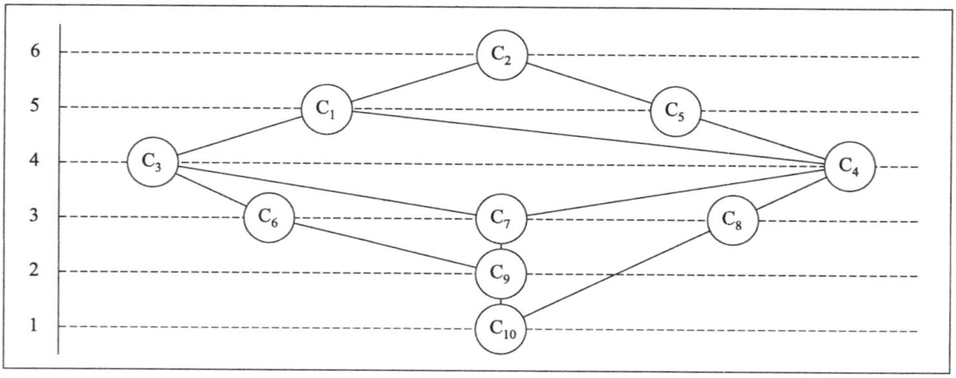

图 5-22　HDT 河段受体峰值暴露性聚类排序

上方等级的受体暴露性越高。

（3）受体峰值暴露性指数评价等级

根据 SOM 河段聚类和 HDT 的河段聚类排序结果，得出哈尔滨市每个风险源对应河段所产生的峰值暴露性指数等级结果（见表 5-13）。假设风险源最大可信事故类型发生水污染事件，预测江段的污染物浓度并求得污染物在各个江段的最大暴露性参数值，综合评价得出哈尔滨市各污染源在哈尔滨市区域内江段产生的峰值暴露性指标等级。从结果可以看出：对哈尔滨市江段暴露等级最高且高等级影响范围最广的为 LX 石化企业的苯酚罐和两个苯罐，在整个哈尔滨市处于最高暴露等级；其次是 HS 石化企业的丁烯罐和 ZY 二厂的乙醇；暴露等级最低的为 DJ 厂的甲苯；ZM 煤化工企业的 4 个风险源在哈尔滨市影响范围较小但暴露预测影响强度较高。

表 5-13 哈尔滨市风险源受体峰值暴露性指数（E_{max}）等级

河段编码	ZM 01	ZM 02	ZM 03	ZM 04	HS 01	HS 02	HS 03	LX 01	LX 02	LX 03	LX 04	LX 05	HY 01	YM 01	HE 01	DJ 01	SJ 01	YL 01	SL 01	SY 01	ZY 01
S1	—	—	—	—	—	—	—	—	—	—	—	—	—	—	—	—	—	—	4	4	6
S2	—	—	—	—	5	6	5	6	5	6	6	5	4	3	5	1	5	4	4	4	6
S3	—	—	—	—	5	6	5	6	5	6	6	5	4	3	5	1	3	4	4	4	6
S4	—	—	—	—	5	6	5	6	5	6	6	5	4	3	5	1	3	4	4	4	6
S5	—	—	—	—	5	6	5	6	5	6	6	5	4	3	5	1	3	4	4	4	6
S6	—	—	—	—	5	6	5	6	5	6	6	5	4	3	4	1	3	4	4	4	6
S7	—	—	—	—	5	6	5	6	5	6	6	5	4	3	4	1	3	4	4	4	6
S8	—	—	—	—	5	6	5	6	5	6	6	5	4	3	3	1	3	4	4	4	6
S9	—	—	—	—	5	6	5	6	5	6	6	5	4	3	3	1	3	4	4	4	6
S10	—	—	—	—	3	6	5	6	5	6	6	5	4	3	3	1	3	4	4	4	6
S11	—	—	—	—	3	6	5	6	5	6	6	5	4	3	3	1	3	4	4	4	6
S12	—	—	—	—	3	6	5	6	5	6	6	5	4	3	3	1	3	4	4	3	6
S13	—	—	—	—	3	6	5	6	5	6	6	5	4	3	3	1	3	4	4	3	6
S14	—	—	—	—	3	5	5	6	5	6	6	5	4	3	3	1	3	4	4	3	6
S15	—	—	—	—	3	5	5	6	5	6	6	5	4	3	3	1	3	4	4	3	6
S16	—	—	—	—	3	5	5	6	5	6	6	5	4	3	3	1	3	4	4	3	6
S17	—	—	—	—	3	5	5	6	5	6	6	5	4	3	3	1	3	4	4	3	6

续表

河段编码	ZM 01	ZM 02	ZM 03	ZM 04	HS 01	HS 02	HS 03	LX 01	LX 02	LX 03	LX 04	LX 05	HY 01	YM 01	HE 01	DJ 01	SJ 01	YL 01	SL 01	SY 01	ZY 01
S18	—	—	—	—	3	5	5	6	5	6	6	5	4	3	3	1	3	4	4	3	6
S19	—	—	—	—	3	5	5	6	5	6	6	5	4	3	3	1	3	4	4	3	6
S20	—	—	—	—	3	5	5	6	5	6	6	5	4	3	3	1	3	4	4	3	6
S21	—	—	—	—	3	5	5	6	5	6	6	5	4	3	3	1	3	4	3	3	6
S22	—	—	—	—	3	5	5	6	4	6	6	5	3	3	3	1	3	3	3	3	6
S22	—	—	—	—	3	5	5	6	4	6	6	5	3	3	3	1	3	3	3	3	6
S23	6	6	6	6	3	5	5	6	4	6	6	4	3	3	3	1	3	3	1	3	6
S24	6	6	6	3	3	4	4	6	4	6	6	4	3	1	3	1	3	3	1	3	4
S25	6	6	6	3	3	4	4	6	4	6	6	4	2	1	1	1	1	3	1	2	4
S26	6	6	5	3	3	4	4	6	4	6	6	4	2	1	1	1	1	2	1	2	4
S27	6	6	5	3	3	4	4	6	4	6	6	4	2	1	1	1	1	2	1	2	1

5.3.4 区域环境风险值综合评价

5.3.4.1 评价单元距离权重的确定

根据评价单元聚类权重判定方法，对哈尔滨市每个风险源影响河段做三级缓冲分析，由于哈尔滨市主要风险源影响的河流为松花江干流，因此缓冲距离标准按照干流标准执行，坐落在哪级缓冲区的评价单元就被赋予缓冲区相应的距离权重（缓冲距离标准及相应的权重见表 3-19），哈尔滨市风险源影响范围内的评价单元距离等级分布见图 5-23。

5.3.4.2 风险动态分区评价

根据前文得出的风险源 LX03 的事故危险性等级赋值、影响区域环境脆弱性等级赋值、预测受体动态暴露性等级赋值及其影响区域的距离权重系数，将结果输入到风险动态分区评价模型中计算得到风险源 LX03 在哈尔滨市影响区域范围内针对每个评价单元产生在不同时刻的风险值 R_{rjt}，并依据 R_{rjt} 数值的分布状况系统自动进行 5 类等级划分。根据等级划分结果，借助于 ArcGIS 空间分析功

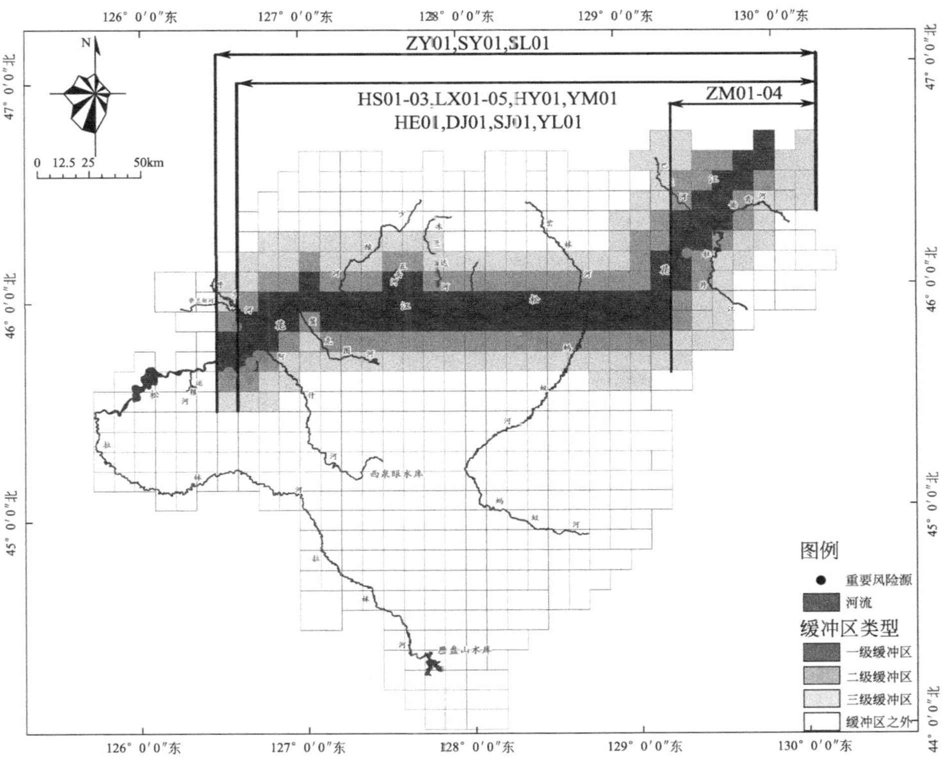

图 5-23　哈尔滨市风险源影响范围内评价单元距离等级分布

能得出风险源 LX03 风险等级动态分区图谱，风险源 LX03 在 6d 时间段的风险动态分区分布见图 5-24（详见书后彩图）。

从图 5-24 得出的结果如下：第 1 天 LX03 产生的风险值较高，且Ⅰ级分区大致在道外区、呼兰区以及宾县上游段沿河附近；第 2 天 LX03 产生的风险值较高且Ⅰ级分区延伸到了宾县、巴彦和木兰县全境河段；第 3 天 LX03 产生的最高风险值分区面积开始减弱，只在木兰县和宾县交汇处及通河县和方正县中游交汇处；第 4 天 LX03 产生的最高风险值在上游逐渐减弱到Ⅱ和Ⅲ级，Ⅰ级分区主要集中在依兰上游段；第 5 天 LX03 产生的最高风险区等级为Ⅱ级，集中在通河县和方正县交汇处的中游段和依兰境内全段；第 6 天除下游依兰境内风险值处于Ⅱ和Ⅲ级外，其他河段都降到最低等级。

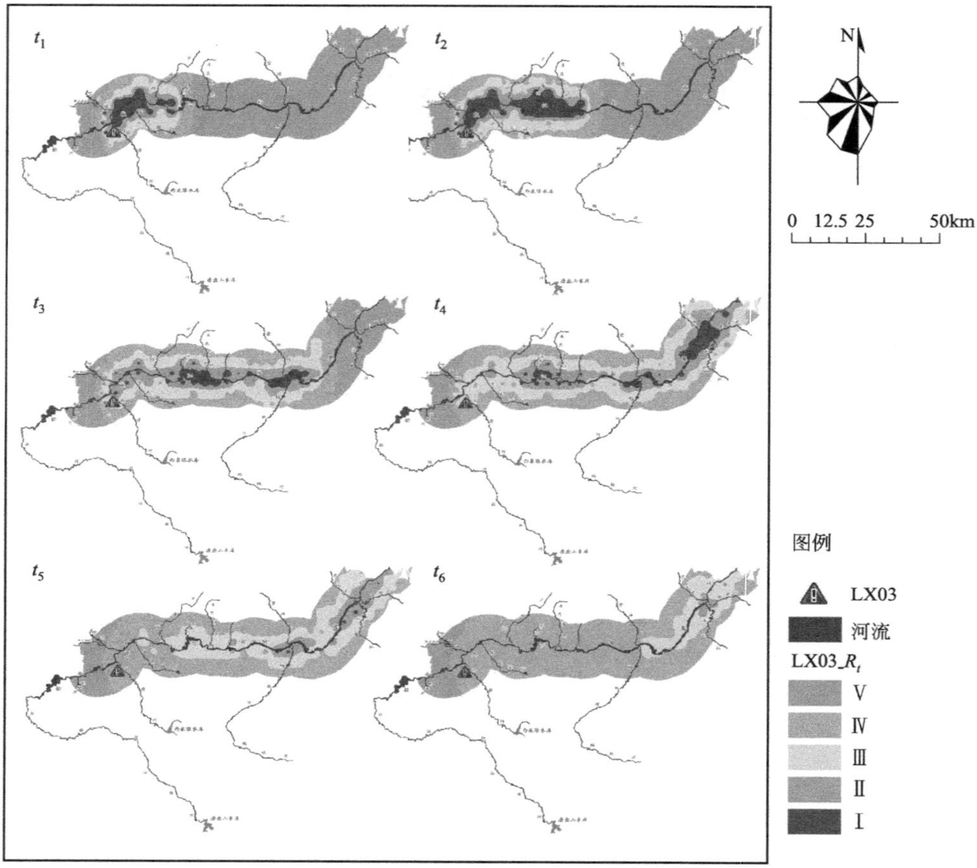

图 5-24 风险源 LX03 风险动态分区分布（见书后彩图）

5.3.4.3 风险峰值分区评价

根据前文得出的哈尔滨市风险源的事故危险性等级赋值、影响区域环境脆弱性等级赋值、预测受体峰值暴露性等级赋值及其影响区域的距离权重系数，将结果输入到风险峰值分区评价模型计算得到风险源在哈尔滨市影响区域范围内针对每个评价单元产生的风险值 $R_{rj\max}$，并依据 $R_{rj\max}$ 数值的分布状况系统自动进行 5 类等级划分。哈尔滨市风险值 $R_{rj\max}$ 等级划分标准见表 5-14。

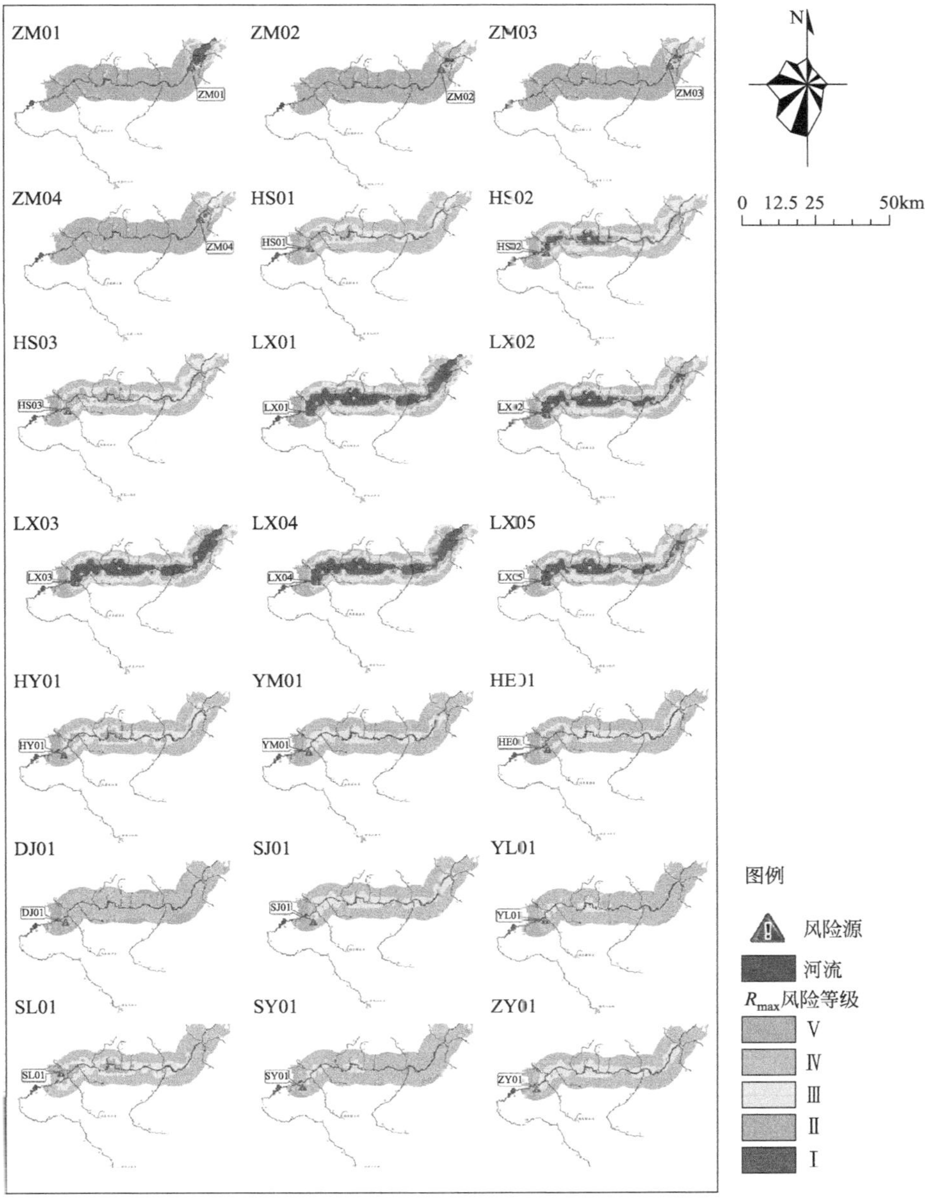

图 5-25　哈尔滨市风险源风险峰值分区分布（见书后彩图）

表 5-14 哈尔滨市风险源分区风险等级标准

R_i 等级	Ⅰ	Ⅱ	Ⅲ	Ⅳ	Ⅴ
等级标准	$R_i \geqslant 60$	$40 \leqslant R_i < 60$	$20 \leqslant R_i < 40$	$1 \leqslant R_i < 20$	$R_i < 1$

根据风险源等级划分结果，借助于集成的 ArcGIS 空间分析功能得出哈尔滨市风险源风险峰值分区分布，见图 5-25（详见书后彩图）。

从图 5-25 得出的结果如下：ZM01、ZM02、LX01、LX03 和 LX04 对影响区域范围产生的风险值最高且Ⅰ级分区面积最大；其次是 ZM03、ZM04、LX02、LX05、HE01、SL01 和 ZY01 对影响范围内产生的风险值较高且Ⅱ级分区面积较大；DJ01 对影响范围内产生的风险值最低且分区等级最高的仅为Ⅳ级；其他风险源对哈尔滨市影响范围内产生的风险值较低且分区等级不高。

5.3.4.4 区域综合风险评价

利用风险值 R_{rjt} 汇总得出风险源区域综合风险指数 R_r 及其等级排序，见表 5-15。得出以下结果：LX 石化企业所含的 5 个风险源对哈尔滨市产生的风险总值最高，处于最高等级；ZM 煤化工企业 4 个风险源由于受到坐落位置的因素限制，虽风险强度较高但是风险总值较低，ZM01 和 ZM02 与 HY 集团的丙酮处于较低的等级，而 ZM03 和 ZM04 与 DJ 厂的甲苯处于最低等级；其他风险源风险总值处于中上等。

表 5-15 哈尔滨市风险源区域综合风险排序结果统计表

R_r 排序	风险源代码	R_r 值	R_r 等级	等级标准
1	LX01	6630.00	Ⅰ	$R_r \geqslant 4000$
2	LX03	6630.00	Ⅰ	
3	LX04	6630.00	Ⅰ	
4	LX05	4222.40	Ⅰ	
5	LX02	4178.00	Ⅰ	
6	ZY01	3903.60	Ⅱ	$3000 \leqslant R_r < 4000$
7	SL01	3808.50	Ⅱ	
8	HE01	3680.50	Ⅱ	
9	HS02	3558.00	Ⅱ	
10	HS01	3277.60	Ⅱ	
11	HS03	3224.40	Ⅱ	
12	YM01	3013.00	Ⅱ	

续表

R_r 排序	风险源代码	R_r 值	R_r 等级	等级标准
13	SJ01	2637.60	Ⅲ	$2000 \leqslant R_r < 3000$
14	YL01	2462.70	Ⅲ	
15	SY01	2322.60	Ⅲ	
16	HY01	1620.20	Ⅳ	$1000 \leqslant R_r < 2000$
17	ZM01	1197.00	Ⅳ	
18	ZM02	1197.00	Ⅳ	
19	ZM03	947.20	Ⅴ	$R_r < 1000$
20	ZM04	588.00	Ⅴ	
21	DJ01	221.00	Ⅴ	

5.4 SARMIS 时空管理信息系统应用

在 SARMIS 系统中设计的水质监测数据以及风险源在线监控数据是由无线监测设备向系统进行传输的，由于哈尔滨市无线监测系统还没有完全完成向系统的集成，系统开发设计时为日后无线监测传输留有接口。本系统中凡是涉及无线监测传输数据，是根据实际调研数据、企业上报数据和环境监察数据为基础采用 CloudSim 以小时为单位进行传输数据模拟来满足系统应用和测试的需要。每年的夏季是环境污染事故的高发期，又是区域环境脆弱期，本书选取 7 月份为模拟期对哈尔滨市展开 SARMIS 系统的应用研究。

5.4.1 数据采集入库

数据采集是 SARMIS 系统运行的基础。根据第 3 章流水污染环境风险评价方法构建和第 4 章流域水污染风险信息管理系统的设计与开发，结合 5.2 和 5.3 部分松花江流域哈尔滨段水污染环境风险评价方法的应用，需采集入库可供

SARMIS 系统调用的数据主要包含以下两个方面。

（1）地理空间数据

包括哈尔滨市域内的遥感影像、行政区、行政区界线、行政中心、道路、河流、湖泊、水库、土地利用、水源地、自然保护区、风险源、高程等，参照表 4-1。所有的地理空间数据录入到 Geodatabase 格式数据库命名为 HarbinRisk，其中栅格数据录入到栅格数据集中，矢量数据按照类型分别录入到基础数据集（Basic data）、环保数据集（Env-data）和其他数据集（Other data）；栅格数据集包含影像、高程、数据分析栅格等。

（2）属性数据

包括哈尔滨市域内的 12 家重点企业的企业基本信息、生产设备、企业员工、安全管理、储罐区、企业周边环境、废弃物排放等状况信息；21 个风险源的储罐、危险物品、物质危险性等情况信息；哈尔滨市区域内的水文、水源地、自然保护区、地表水水质、经济、人口、环保、应急能力等属性信息；评价指标参数、参数定级赋值属性信息。以上属性信息录入到 Oracle 数据库格式中，并按照属性数据类型分别录入到风险源信息库、其余环境信息库、评价指标库中。

5.4.2 空间数据功能板块

空间数据功能板块包括行政辖区、污染企业、风险源、监测点位、评价单元、河段划分 6 大功能模块集。

5.4.2.1 行政辖区功能模块集

在 SARMIS 中哈尔滨市的行政辖区功能模块集数据浏览和编辑界面如图 5-26 所示。

行政辖区功能模块集包括以下功能。

（1）行政辖区地图的基础操作

包括对哈尔滨市行政区地图的放大、缩小、平移、全图显示等操作。

（2）基础数据属性查询

包括图查属性和属性查图。图查属性可以通过鼠标在地图上进行点选或框选出目标行政空间要素，其相关联的属性信息将以弹出气泡框的形式显示，通过点

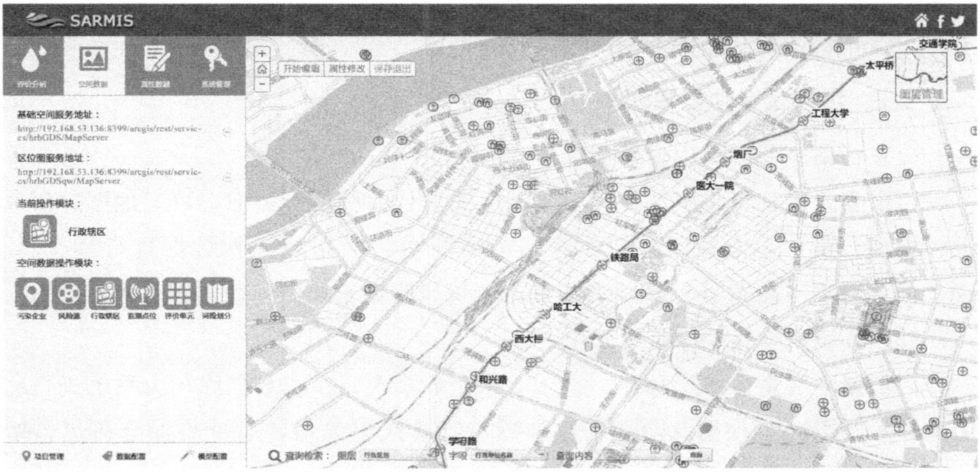

图 5-26　基础数据浏览和编辑界面

击关闭按钮关闭属性框；属性查图可通过界面下面的查询检索栏，输入要查询的图层以及属性字段，与其相关联的空间要素将在地图上高亮显示。

（3）空间数据的编辑

该功能可实现对哈尔滨市行政区、行政中心、行政界线、道路、河流、注记等空间数据的新建、删除、移动、合并、分割、裁剪等基础编辑。

（4）属性数据录入和修改

录入的属性数据可通过选中要修改的目标要素、点击“属性修改”按钮即可完成。

（5）数据编辑的保存退出

对数据进行编辑修改后需要点击“保存退出”按钮进行保存并退出编辑模式进入浏览模式。

（6）位置示意图

行政辖区地图可视化展示时默认打开位置示意图，其可通过系统设置里关闭此功能。位置示意图可在视图中进行平移、关闭以及在数据配置中打开。

（7）图层管理

系统的右上角为图层切换小部件，系统提供了三类底图图层，包括遥感底图、行政区划矢量底图、土地利用矢量底图。可使用图层管理模块实现三个底图类型的切换。其中行政区划矢量底图、土地利用矢量底图默认打开图例，可通过系统设置将默认打开图例选项关闭。

5.4.2.2 污染企业功能模块集

（1）污染企业浏览编辑功能

污染企业浏览、编辑功能同行政辖区浏览、编辑功能类似，可对地图进行放大、缩小、平移、全视图显示，对污染企业空间数据及属性数据进行增、删、改、查。SARMIS 可导出哈尔滨市重点环境风险性企业空间分布图（见图 5-1）。

（2）环境风险性企业统计功能

环境风险性企业统计功能，将 122 家企业录入到系统数据库，由系统进行相关统计，SARMIS 根据风险性企业坐标与行政区划关系，通过叠加分析进行哈尔滨市环境风险性企业数量统计。SARMIS 哈尔滨市环境风险性企业数量统计功能界面见图 5-27。其统计表可以点击“导出”按钮，将统计结果导出 Excel 表格。

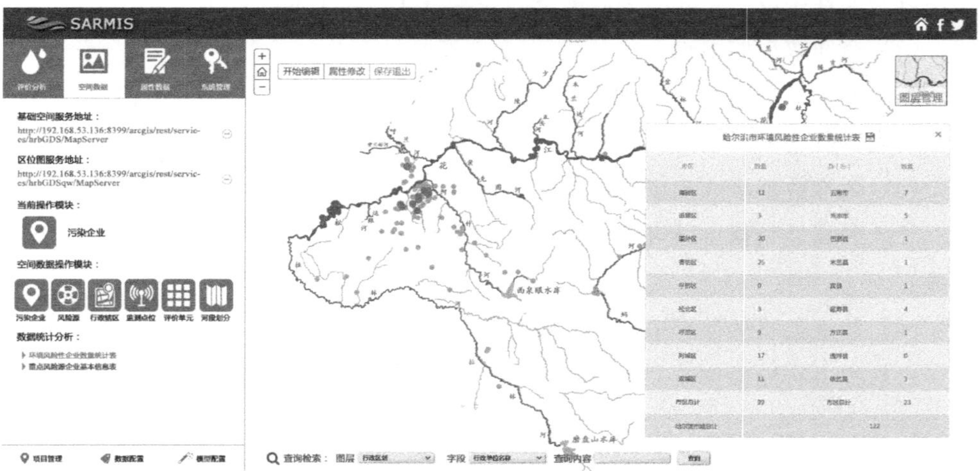

图 5-27　哈尔滨市环境风险性企业数量统计功能界面

（3）污染企业数据查询功能

SARMIS 对哈尔滨市 12 家重点风险源企业数据查询编辑功能界面如图 5-28 所示，通过鼠标在地图上进行点选或框选出目标污染企业空间要素完成图查属性操作，通过查询检索栏完成属性查图操作。

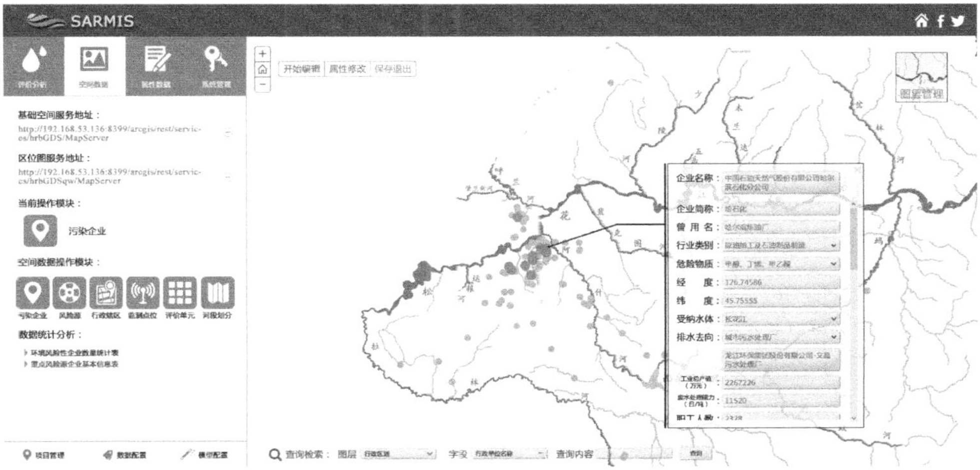

图 5-28 哈尔滨市风险源企业空间属性查询编辑功能界面

（4）图层管理

可通过系统的右上角为图层切换小部件，实现污染企业底图数据的切换。图 5-29 为哈尔滨市污染企业的土地利用底图的切换界面。

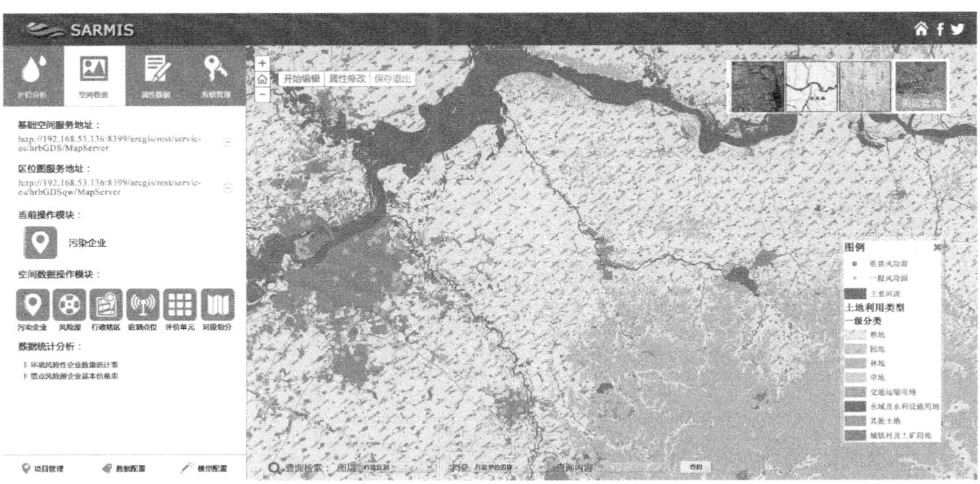

图 5-29 哈尔滨市污染企业土地利用底图切换界面

（5）数据统计分析列表功能

涉及污染企业数量统计及重点风险源企业基本信息可以通过数据统计分析列

表中查看并导出，由 SARMIS 导出的哈尔滨市环境风险性企业数量统计见表 5-1、重点风险源企业基本信息表（见表 5-2）。

5.4.2.3 风险源功能模块集

按照先录入企业后录入风险源的方式，将哈尔滨市域内 12 家重点风险企业包含的 21 个重点风险源录入数据库，SARMIS 调取数据库实现对风险源浏览、编辑、统计、查询、图层管理、数据统计分析列表等功能。

图 5-30 所示为风险源功能模块集界面。

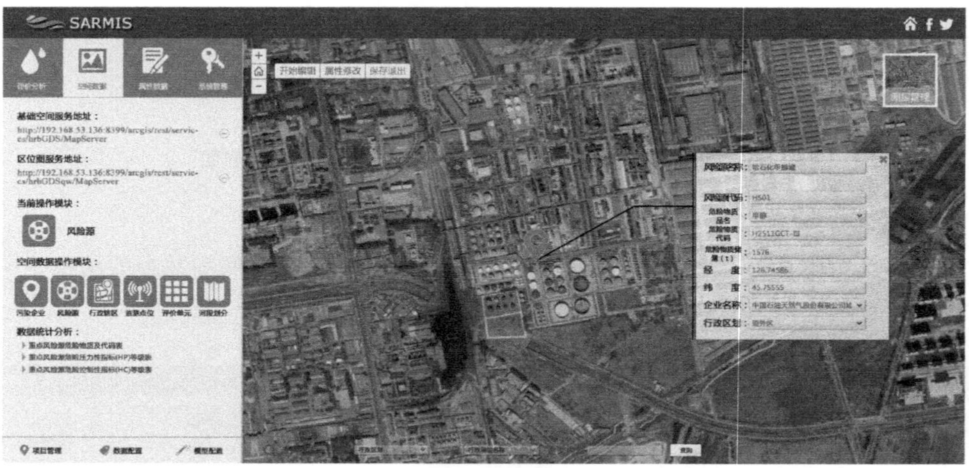

图 5-30 哈尔滨市重点风险源功能模块集界面

5.4.2.4 监测点位功能模块集

水质监测点位包括常规水质监测点位及突发性水污染事故后有毒有害污染物监测点位，“监测点位”模块为常规水质监测点位，用于区域环境脆弱性（V）指数中的河流水质评价属性（VP_3）的基础空间数据的浏览、查询、编辑等功能。

SARMIS 监测点位功能模块界面如图 5-31 所示。

由于突发性水污染事故后需要对污染的河段进行有毒有害污染物监测，因此该部分将在“河段划分”模块集中进行（见图 5-33），对应的河段就是突发性水污染事故后有毒有害污染物监测点位，其监测的有毒有害物质的属性信息也在该部分录入。

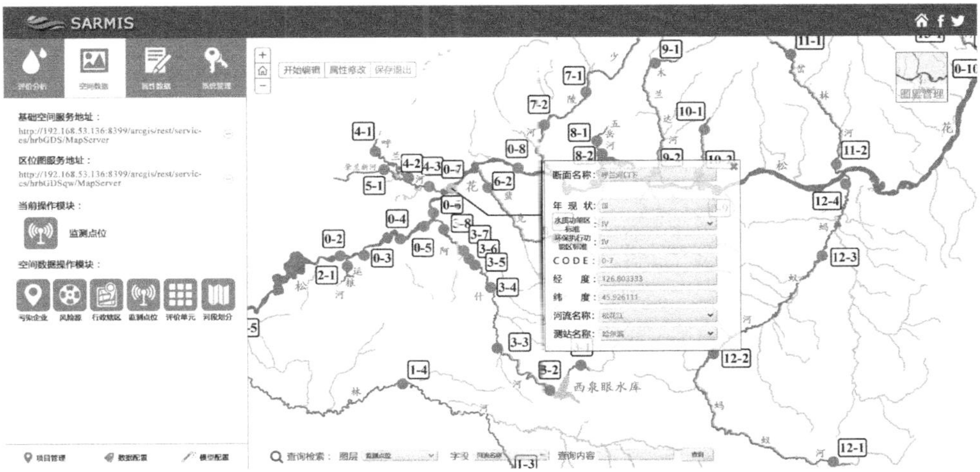

图 5-31 哈尔滨市 SARMIS 监测点位功能模块界面

5.4.2.5 评价单元功能模块集

按照 5.3.2 部分中的“V 评价样本点的划分”规则，利用 SARMIS 空间数据中的评价单元模块，根据研究区坐标、范围和评价单元面积，自动生成评价单元。生成结果图层包括评价单元面要素（FIS _ POL）、有效评价单元面要素（ASS _ UNIT）、评价边缘线要素（FISHNET）和单元标号点要素（FIS _ LAB）。并对评价单元进行由上至下由左至右自动编码。评价单元功能为环境脆弱性（V）评价提供空间评价样本点载体。SARMIS 系统空间数据板块中的评价单元模块集包含评价单元生成、浏览、查询、编辑、数据统计分析列表等功能，其系统功能界面如图 5-32 所示。

5.4.2.6 河段划分功能模块集

应用区域为松花江干流哈尔滨段，按照 3.3.4 部分河段划分的规则，SARMIS 系统自动将松花江干流空间数据图层和评价单元进行叠加分析，由于松花江干流为东西走向河流，因此按照评价单元南北方向边界进行划分，并实现系统自动编码，河段划分功能为受体暴露性（E）评价提供空间评价样本点载体。

SARMIS 系统河段划分功能模块集可提供河段划分、浏览、查询、编辑等功能，如图 5-33 所示。

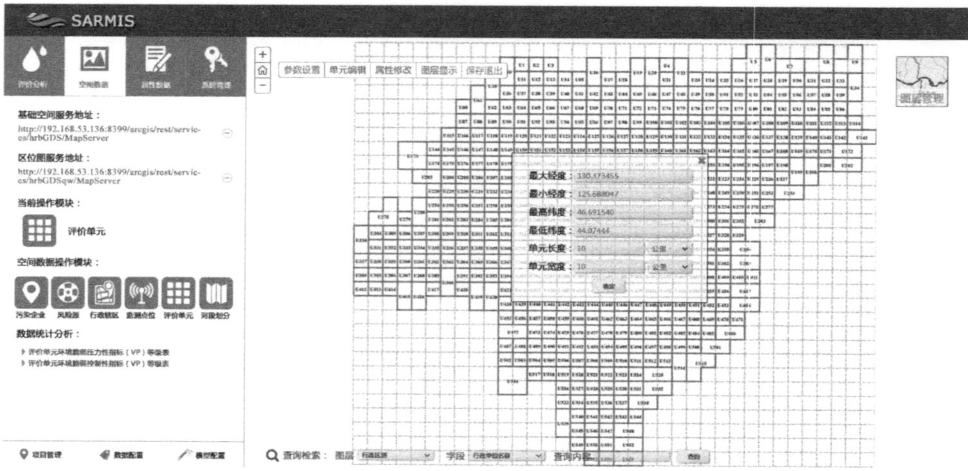

图 5-32 哈尔滨市环境脆弱性评价单元功能模块集界面

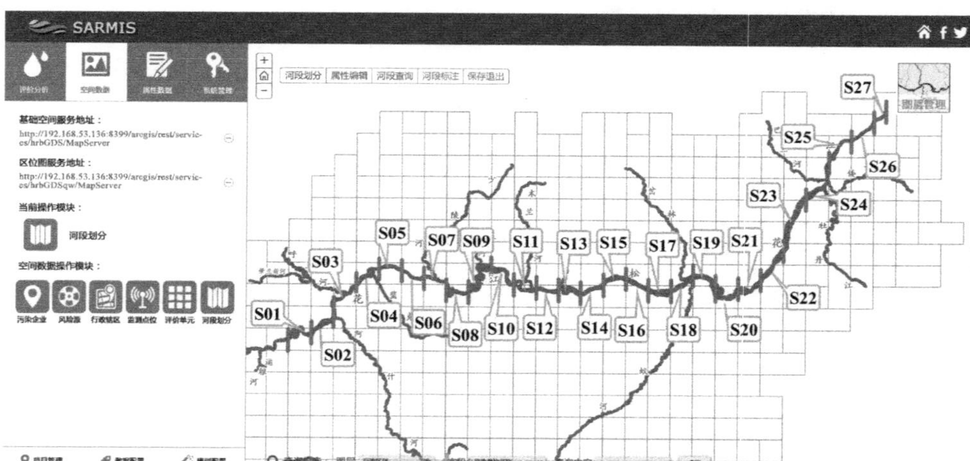

图 5-33 松花江干流哈尔滨段河段划分功能模块集界面

5.4.3 评价分析功能板块

评价分析功能板块下设 7 个功能模块集，包括危险性等级评价、区域环境脆弱性评价、河段预测暴露性分析、评价单元距离权重、风险源动态分区评价、风险峰值分区评价和区域综合风险评价。每个功能模块下设与其相对应的数据配置和模型配置模块。其评价结果可在评价结果列表中展示。

5.4.3.1 危险性等级评价模块集

（1）数据配置模块

危险性等级评价数据按照其评价方法所含参数数据系统进行默认配置，可在“数据配置”模块中进行查看、修改和编辑。

SARMIS 中危险性等级评价的数据配置界面如图 5-34 所示。

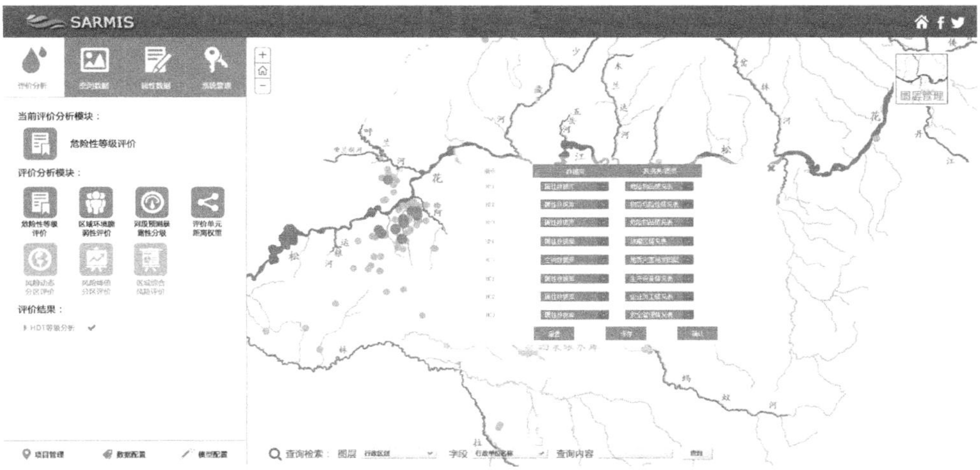

图 5-34 危险性等级评价数据配置界面

（2）模型配置模块

危险性等级评价数据按照其评价模型方法系统进行默认配置，可在“模型配置”模块中进行查看、修改、编辑及模型导出。

SARMIS 中危险性等级评价的模型配置界面如图 5-35 所示。

（3）危险性等级评价

数据配置和模型配置确认后系统自动进行 H 指数评价，SARMIS 危险性等级评价功能界面如图 5-36 所示。HDT 评价结果图可在界面右侧评价结果视图中点击“保存”按钮导出，其评价结果的属性列表将在左侧功能窗口中的评价结果列表中查看并导出。

5.4.3.2 区域环境脆弱性评价模块集

区域环境脆弱性评价模块集中的数据配置模块及模型配置模块的配置步骤同

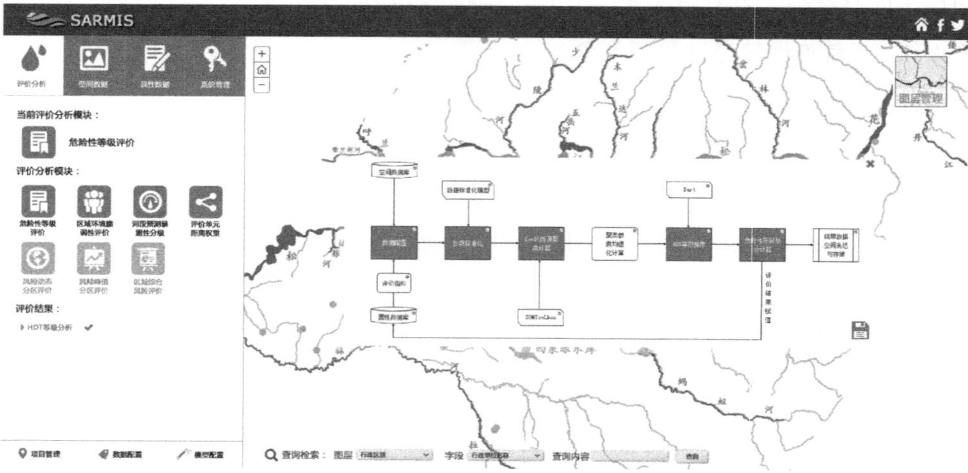

图 5-35　危险性等级评价模型配置界面

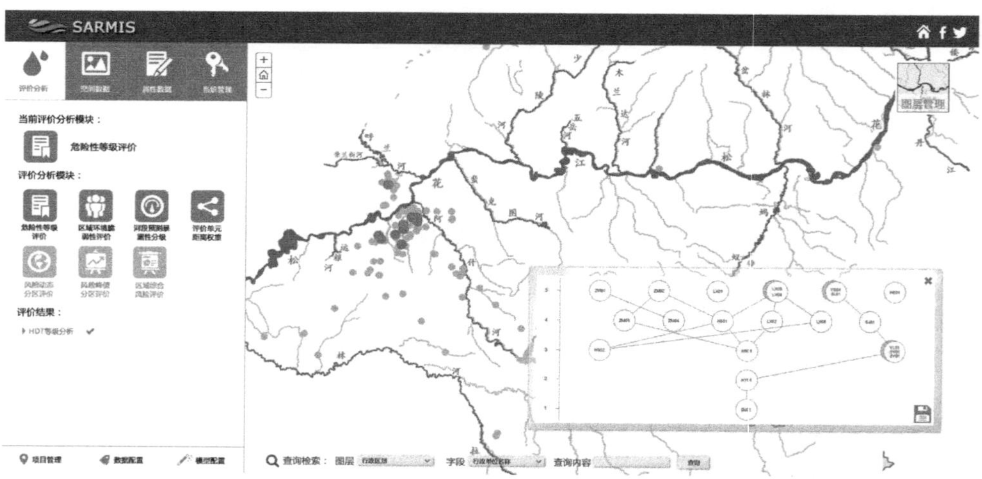

图 5-36　危险性等级评价功能界面

危险性等级评价模块集。在数据和模型配置确认后系统自动执行 V 指数评价功能。系统依次进项 SOM 聚类分析、HDT 等级分析、评价单元赋值，以及评价单元栅格化处理。每一步在评价结果列表中可进行查看及结果导出。区域环境脆弱性评价设计的指标参数较多，各个指标参数的计算结果可在“属性数据”板块中进行查看。

图 5-37 为 SARMIS 区域环境脆弱性评价功能模块集界面，其视图展示的是评价单元栅格化处理结果。

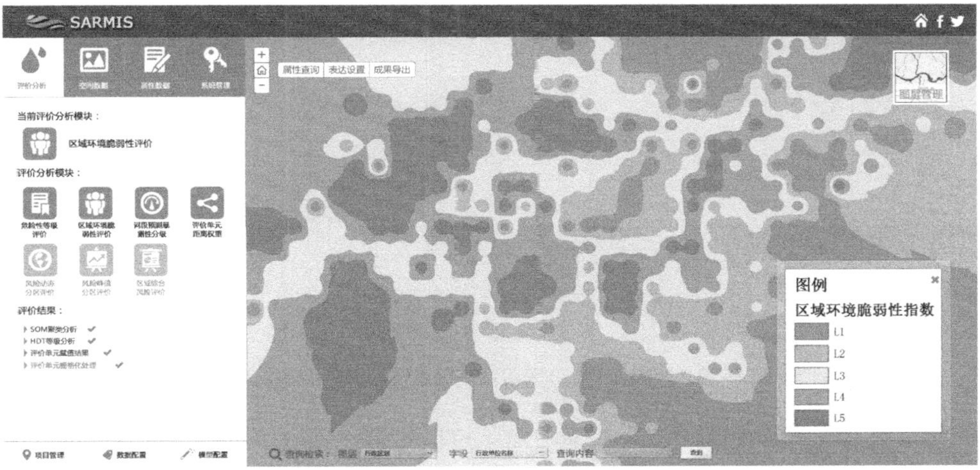

图 5-37 哈尔滨市 SARMIS 区域环境脆弱性评价功能模块集界面

5.4.3.3 河段预测暴露性分级功能模块集

河段预测暴露性分级功能模块集在数据和模型配置确认后系统自动执行 E 指数评价功能，系统会对风险源动态（E_{1it}，E_{2it}）和峰值（$E_{1i\max}$，$E_{2i\max}$）参数进行计算，峰值（$E_{1i\max}$，$E_{2i\max}$）参数计算结果录入数据库在风险峰值分区评价功能模块集中作为参数参与评价。风险源动态（E_{1it}，E_{2it}）参数计算结果作为河段暴露性主要参数进行 E 指数评价，依次进行 SOM 聚类分析、HDT 等级分析、河段赋值。E 指数评价的每一步在评价结果列表中可进行查看及结果导出。风险源动态（E_{1it}，E_{2it}）和峰值（$E_{1i\max}$，$E_{2i\max}$）参数的计算结果可在“属性数据”板块中进行查看。

SARMIS 系统能将 21 个风险源以小时为时间单位在不同河段产生的暴露性指标参数进行计算和评价。由于数据量太大本书不能一一列出，只选用其中一个风险源 LX03 为实例以暴露性预测第 3 天为实例展示系统的功能界面，如图 5-38 所示。

5.4.3.4 评价单元距离权重功能模块集

评价单元距离权重的赋值和计算是实现区域环境风险值综合评价的重要组成

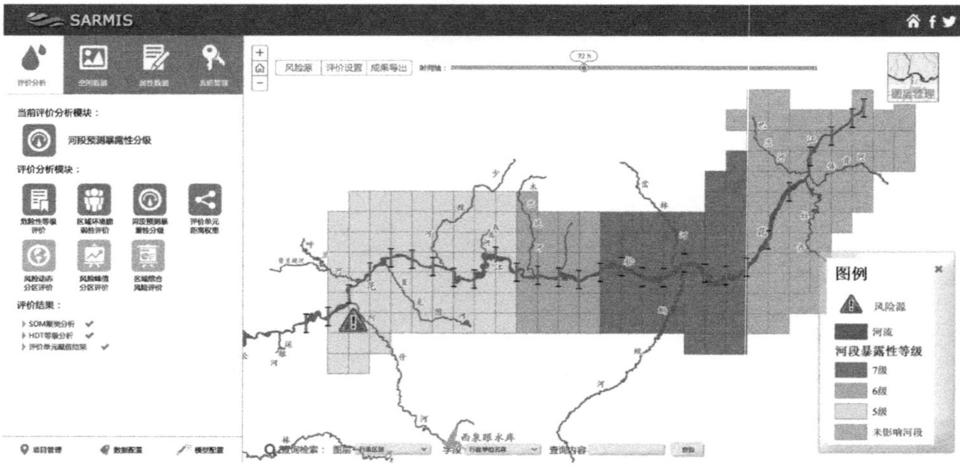

图 5-38　风险源 LX03 河段预测暴露性分级功能模块界面

部分，因此在评价分析功能板块中增加了该模块集，它的结果可参与到以下的风险动态分区评价、风险峰值分区评价以及区域综合风险评价。

SARMIS 调取河流属性表中的水系级别并与系统中的缓冲距离标准及相应的权重集成（见表 3-19），系统自动对缓冲区域内的评价单元进行权重赋值。由于哈尔滨市主要风险源影响的河流为松花江干流，因此缓冲距离标准按照干流标准执行，其 SARMIS 松花江干流哈尔滨段评价单元距离权重功能界面如图 5-39 所示。

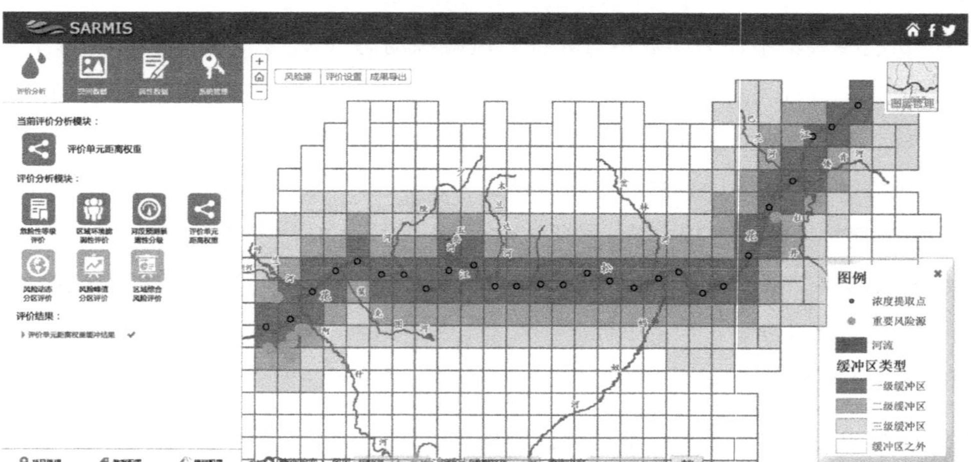

图 5-39　松花江干流哈尔滨段评价单元距离权重功能模块界面

5.4.3.5 风险动态分区评价功能模块集

风险动态分区评价功能集在数据和模型配置确认后系统调取 H 指数值、V 指数值、E_{it} 值及其影响区域的距离权重系数，实现自动风险动态分区评价功能。图 5-40 所示为风险源 LX03 在 96h 时间段内的风险动态分区评价的 SARMIS 功能模块界面，由 SARMIS 系统导出的风险源 LX03 在 6d 时间段的风险动态分区分布见图 5-24。

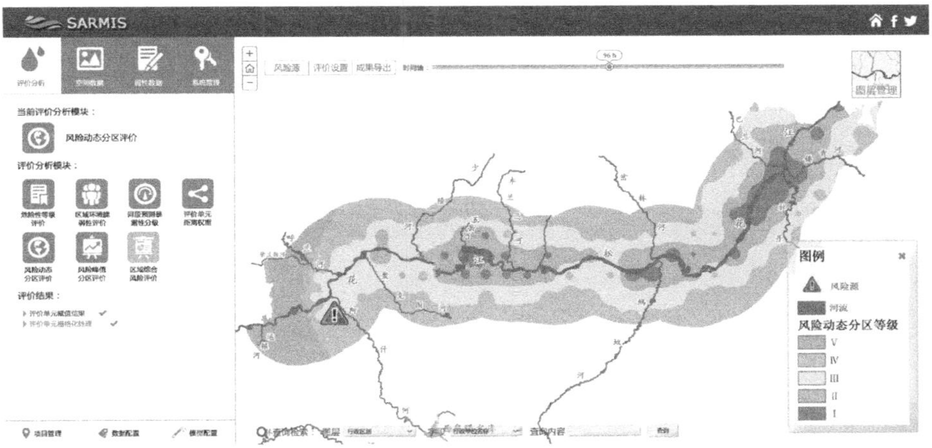

图 5-40 风险源 LX03 风险动态分区评价功能模块界面

5.4.3.6 风险峰值分区评价功能模块集

风险峰值分区评价功能集在数据和模型配置确认后系统调取 H 指数值、V 指数值、$E_{i\max}$ 值及其影响区域的距离权重系数，实现自动风险峰值分区评价功能。图 5-41 所示为风险源 LX03 的风险峰值分区评价的 SARMIS 功能模块界面，由 SARMIS 系统导出的哈尔滨市风险源风险峰值分区分布见图 5-25。

5.4.3.7 区域综合风险评价功能模块集

区域综合风险评价功能模块集在数据和模型配置确认后系统调取 R_{rjt} 值进行自动评价。图 5-42 所示为哈尔滨市风险源区域综合风险评价的 SARMIS 功能界面，通过该模块可以实现风险源区域综合评价、风险源属性查询、评价结果导出等功能。

由 SARMIS 系统导出的哈尔滨市风险源区域综合风险评价排序见表 5-15。

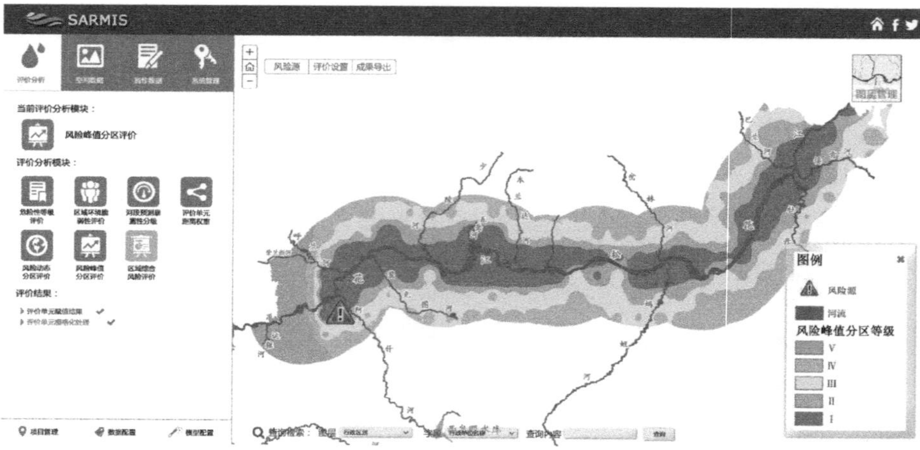

图 5-41　风险源 LX03 风险峰值分区评价功能模块界面

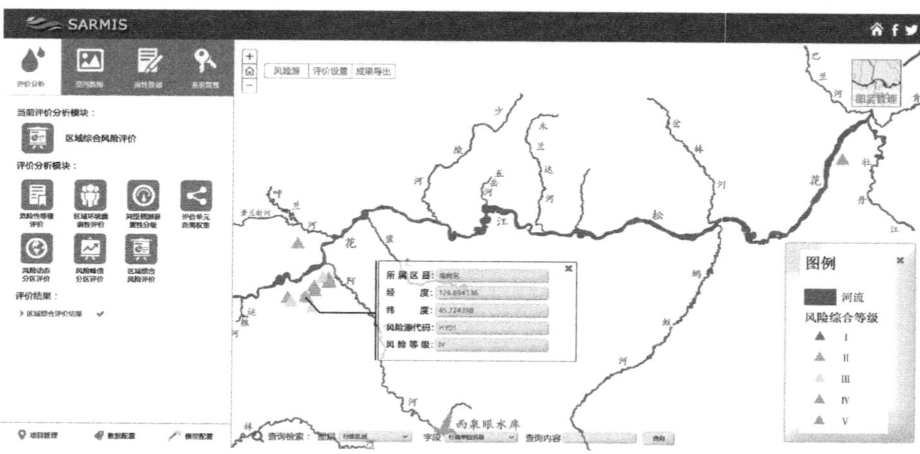

图 5-42　哈尔滨市风险源区域综合风险评价功能模块界面

5. 4. 4　属性数据功能板块

属性数据功能板块提供属性数据以及评价指标各个参数的主要步骤的计算评价结果的查询、修改及导出功能。图 5-43 展示的是区域环境脆弱性指数（V）中的河流水质评价等级（VP_3）指标 SOM 组分平面图属性数据功能模块界面；图 5-44 展示的是河流水质评价等级（VP_3）指标评价单元赋值功能模块界面，每一步的计算及评价结果都可以进行查询和导出成果图（表）。

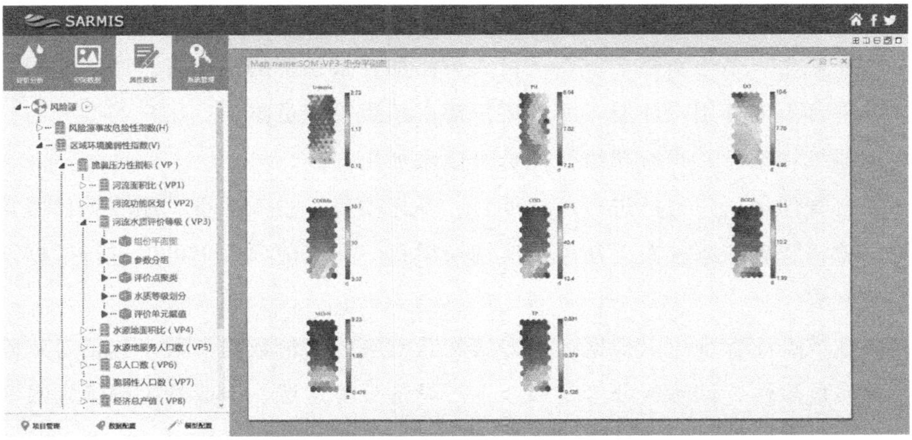

图 5-43　VP_3 指标 SOM 组分平面图属性数据功能模块界面

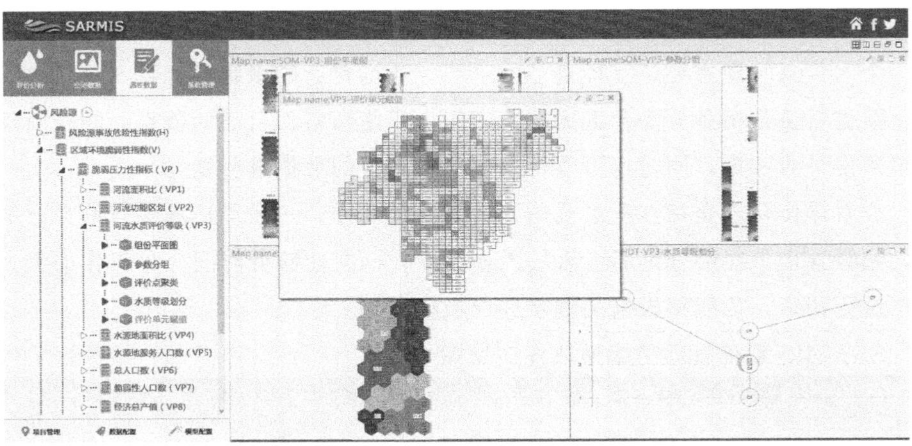

图 5-44　VP_3 指标评价单元赋值功能模块界面

5.4.5　系统管理功能板块

系统管理功能模块是进行基础地图服务配置、添加新用户、项目管理、属性数据库管理、模型配置管理、个人信息管理、数据备份与恢复、查看操作日志等功能的模块。

基础地图服务配置利用 ArcGIS Server 发布完服务之后，将服务地址 URL 添加到系统之中，以便评价调用相关数据。需要注意的是，在制作地图服务的过程中要保持标准的字段，避免平台读取数据时出错。

添加新用户是为新用户或新项目人员添加登录系统的用户名、密码和用户类型。本平台不支持用户注册，所有用户都由超级管理员添加。用户类型分为一般用户和超级管理员，只有超级管理员可以添加用户。

项目管理是用户自己进行新建项目、管理项目、进入项目、删除项目所需的功能。项目管理在系统左下角可快速切换项目。在当前项目中可以进行数据配置和模型配置。

属性数据库管理可以根据评价方法配置对应的评价数据参数，包括对危险物品、物质危险性、储罐区分等定级、生产设备分等定级、企业员工分等定级和安全管理分等定级等，对这些表格进行参数设置增删改和调整等。

模型配置是指对评价所需的各环节模型进行修改、调整和保存的统一界面和功能的集成操作。

个人信息管理主要是管理自己的密码，查询自己的系统日志。

数据备份是指备分平台数据，一般用户只能够备份自己的数据，超级管理员能够备份平台数据，同时也可以将自己已经备份的数据进行恢复。

查看操作日志是指查看系统的人员的操作动作。一般用户能够查询自己的日志，超级管理员能够查询所有人的工作日志；同时能够分时间、分工作类型、分用户进行检索，也能够根据关键字进行模糊查询。

SARMIS 系统管理功能模块界面见图 5-45。

图 5-45　SARMIS 系统管理功能模块界面

5.5

区域环境风险管理措施

根据哈尔滨市风险源事故危险性（H）评价结果、区域环境脆弱性（V）评价结果、流域受体暴露性（E_t/E_{max}）评价结果及其风险动态分区风险（R_{rjt}）等级、风险峰值分区风险（$R_{rj\max}$）等级和区域综合风险（R_r）等级结果，综合分析得出以下风险源管理措施：风险源管理从 Sources 和 Areas 两个角度降低区域风险值，一方面降低风险源发生事故的可能性及危险性，另一方面提高区域的容灾防护能力。

5.5.1 Sources 管理措施

（1）采取相应措施降低危险物质自身的事故触发因子

① 对于危险物质类型较多的风险源应建立健全每种物质类型相应的应急措施，对于物质在哪类事故中较为活跃就重点建设相应的应急防范体系，例如 SJ 制药的甲醇物质类型有爆炸、燃烧和有毒且易燃，应针对物质危险类型建立爆炸、火灾和有毒防护等相应措施尤其是火灾事故的防范应急和处理。

② 对于危险物质灾变较为活跃的物质，应尽量选用活跃性较低的物质进行替代。

③ 降低风险源危险物质储量，可小规模分散存储或设立泄漏回收装置，减少污染物进入水体的比例，降低事故源强。例如 ZM 煤化工的甲醇罐区 1，风险等级较高的主要因素就是危险物质储量超出临界值较高，导致预测性受体暴露性指标较高，从而使得风险指数较高。

④ 风险源较为集中的应在最大安全距离范围内分散安放。例如，ZM 煤化工、HS 石化和 LX 石化危险源较多的厂区。

（2）采取相应措施降低企业外部环境事故触发因子

政府应加大区域的防洪措施，降低外在环境因子对风险源事故触发的可能性。例如，依兰境内的 ZM 煤化工离江河较近地势较低且县区的防洪能力较弱，发生洪水等自然灾害产生的次生环境污染事故可能性较高。

（3）采取相应措施降低企业内部环境事故触发因子

① 对技术和设备工艺进行绿色改造。淘汰落后的生产工艺和设备，提高设备的安全防护装置，严格执行设备的定期检查维修保养、坚决杜绝老化设备“超期服役”，改善厂房构造等措施降低生产设备故障导致事故发生的可能性。

② 提高员工专业素质，杜绝疲劳上岗，加强安全培训与演练，提高员工事故响应能力。

③ 完善企业安全管理体系。制定完善安全管理体系及事故应急计划，建立健全环境安全标准化建设，获得 ISO 14000 认证。如 HE 化工企业生产设备、员工的响应能力及安全管理体系都有待改善。

（4）政府加强风险源企业的监督管理能力

定期检查企业安全状况、安全措施是否到位、事故防护装置是否有效运行、员工是否合格上岗、物质存放是否符合要求、企业排放是否达标等。

5.5.2 Areas 管理措施

① 人口聚集地尤其是城市城区，在城区上游河段应建立污染物应急拦截设施及污染物降解吸附等措施，就近设立应急物质储备库，保障应急物资快速输入；社区、学校、医院等搬离风险源威胁可能性较大的暴露区域，减少受体规模；强化民众的应急意识，加强安全防护培训，将安全保护知识带进课堂。

② 加强水源地保护区所在地的保护，风险源应远离水源地上游，保护区上游构建相应的污染物吸附降解措施，提高这部分区域对水污染事故的容灾减灾能力。

③ 提高水体自身的质量，水体自身的质量一定程度上决定着污染物的环境容灾能力，尤其是水环境功能区较高但水质较差的河段应控制污染物的排放，提高水体质量。

④ 强化环境污染抵抗能力，加大环境保护和建设力度，提高生物多样性和森林覆盖率，增强生态系统的污染抵抗和污染修复能力。

⑤ 根据风险源分区图谱，建立风险源动态分区和峰值分区管制机制，根据

危险性、脆弱性和暴露性所共同形成的风险影响等级分区，结合区域风险形成特征，考虑社会经济可行性，进一步细化落实各分区的防范策略。

⑥ 加强哈尔滨市的环境保护与事故防范应急处理能力：建立完善的应急计划；加强各地的应急输入能力，保障应急物质即时有效送达；加强医疗、消防、治安、通信等保障单位的协调与联动响应能力；建立环境风险在线监管平台，监测和调研数据以天为单位在线传输，建立预警系统。

5.5.3 区域协调管理

水污染事故有其特殊性，一旦事故发生其影响范围经常是沿河流迁移并产生跨区域范围的影响。虽然风险源在区域内，但影响范围主要在下游区域，因此造成了风险源与影响区域主管的行政单位不同，风险源影响单位只有一个但影响范围的主管单位却有可能是跨区域的好几个甚至出现跨国的影响。而本行政单位只有管理本区域内风险源和区域的权限，例如哈尔滨市的 ZM 煤化工所含风险源，其处于哈尔滨市下游，对哈尔滨市本区域影响范围较短，一旦发生事故其主要影响范围为下游的佳木斯段甚至跨国界。因此，区域风险评价不仅仅只局限于独立一个区域的评价，而是上下游所有相关行政单位区域都参与区域风险源的评价，而哈尔滨市风险源分区评价与管理仅仅是区域风险评价的其中相关行政单位的一个实例而已，一旦相关区域都参与风险评价，可以综合结果进行区域协调管理：对于上游行政单位所管辖的可能影响到本区域的风险源发生事故的危险性即 H 是不在其管控范围之内的，只能通过上游行政单位区域风险评价的 H 和 E 的结果结合本区域的 V 来评判上游风险给本区域带来的风险值，从而根据结果来管控本区域的环境脆弱性参数提高区域应急风险能力和区域容灾能力；对于本区域行政单位管辖的风险源可能影响到下游区域的，下游区域的环境脆弱性 V 不受本区域的管控，只能通过管理本区域的风险源降低风险源发生事故的危险性及降低可能发生事故后受体的暴露剂量来降低对下游区域的影响。

对于上下游区域联动评价与管理，建立健全环境污染责任制度，对于下游区域针对本区域的风险源所采取的防控措施，由本区域进行相应的技术支持和经济补贴；对于本区域的风险源已经发生事故并对下游造成污染和损害的要对损失进行赔偿及日后修复工作产生的费用进行补偿。

综上所述，本书以松花江流域哈尔滨段为实例研究区域，对风险源管理模式、评价方法体系及管理信息系统进行验证，得出以下结论：

① 选取了松花江流域哈尔滨段作为流域水污染环境风险评价与时空信息管理的实例来验证水污染环境风险 HVE 评价体系及 SARM 管理模式，测试 SARMIS 管理平台。

② 通过 HVE 评级结果得到风险源事故危险性等级、区域环境脆弱性等级和事故（动态/峰值）暴露性预测结果，通过风险综合评价模型实现松花江流域哈尔滨段水污染事故环境风险动态分区图谱、峰值分区图谱以及区域综合风险等级。

③ 根据风险评价结果进行综合分析，从源头管控降低危险性、区域环境提高容灾能力和上下游区域联动协调管理三大方面提出相应的风险源管理措施。

④ 所有计算过程通过 SARMIS 系统平台运算得出，经过测试得出系统平台运行良好，满足系统功能需求。

参考文献

[1] Zhu XD, Liu Y. Characterization and risk assessment of exposure to volatile organic compounds in apartment buildings in harbin, china [J]. Bulletin of Environmental Contamination and Toxicology, 2014,92(1):96-102.

[2] 哈尔滨市统计局，国家统计局哈尔滨调查队．哈尔滨统计年鉴 2013 [M]. 北京：中国统计出版社, 2013.

[3] Voyslavov T, Tsakovski S, Simeonov V. Surface water quality assessment using self-organizing maps and hasse diagram technique [J]. Chemometrics and Intelligent Laboratory Systems, 2012,118(0):280-286.

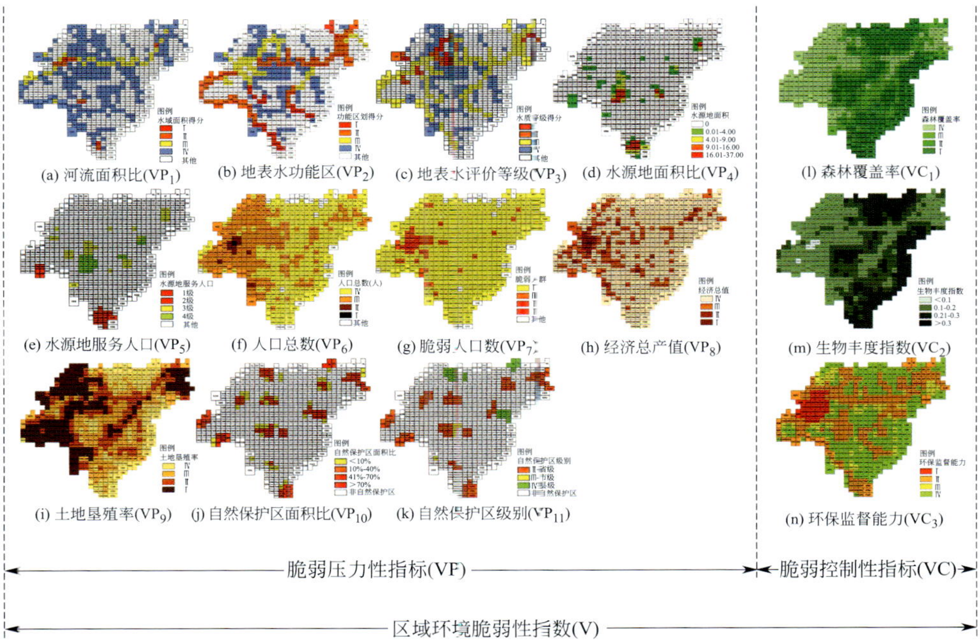

图 5-4　哈尔滨市评价单元区域环境脆弱指数参数等级分布

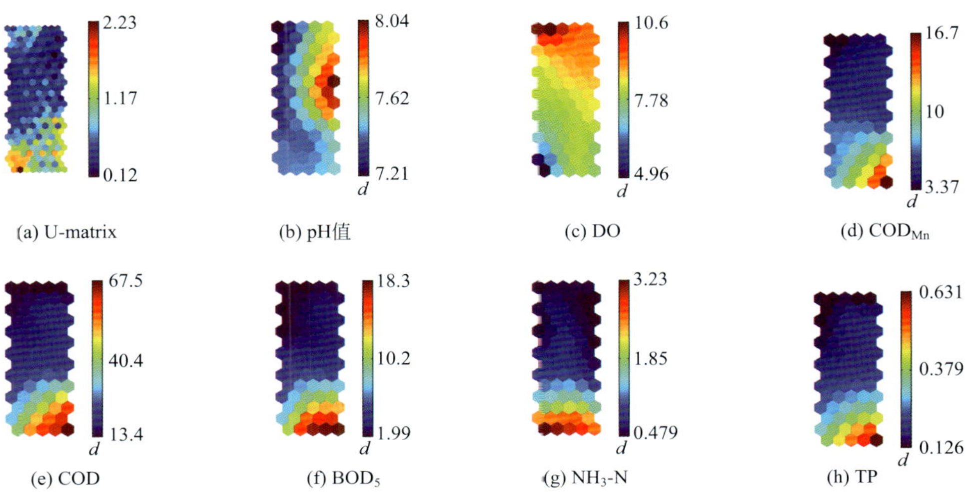

图 5-6　水质参数及评价的 SOM 组分平面图

图 5-7　SOM 水质参数分组图

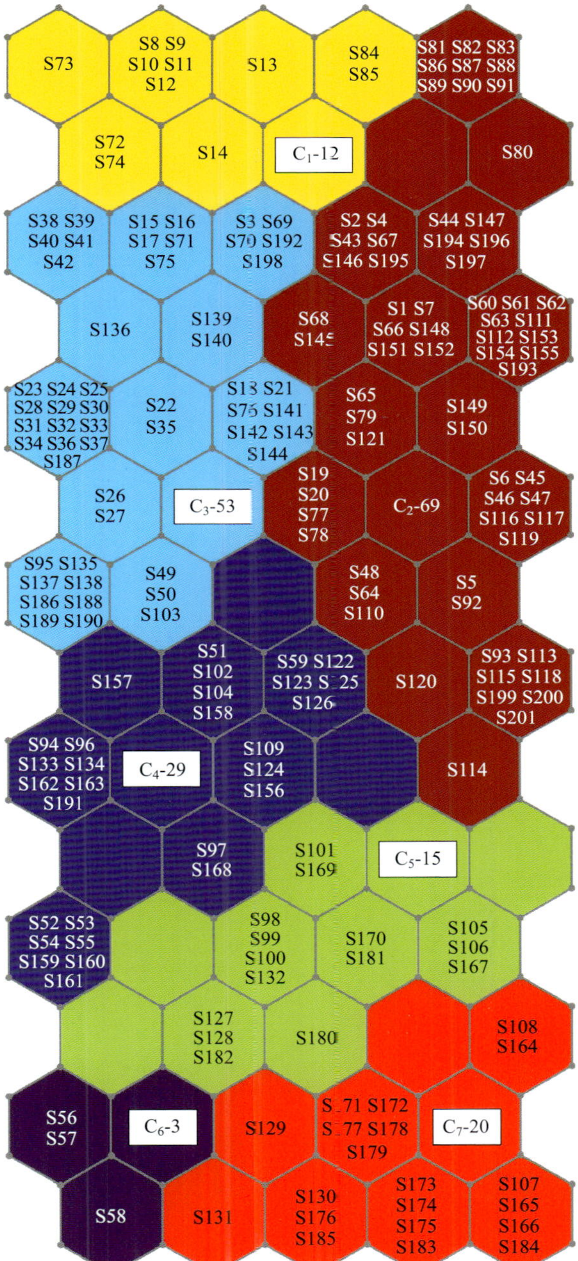

图 5-8 SOM 评级点聚类结果

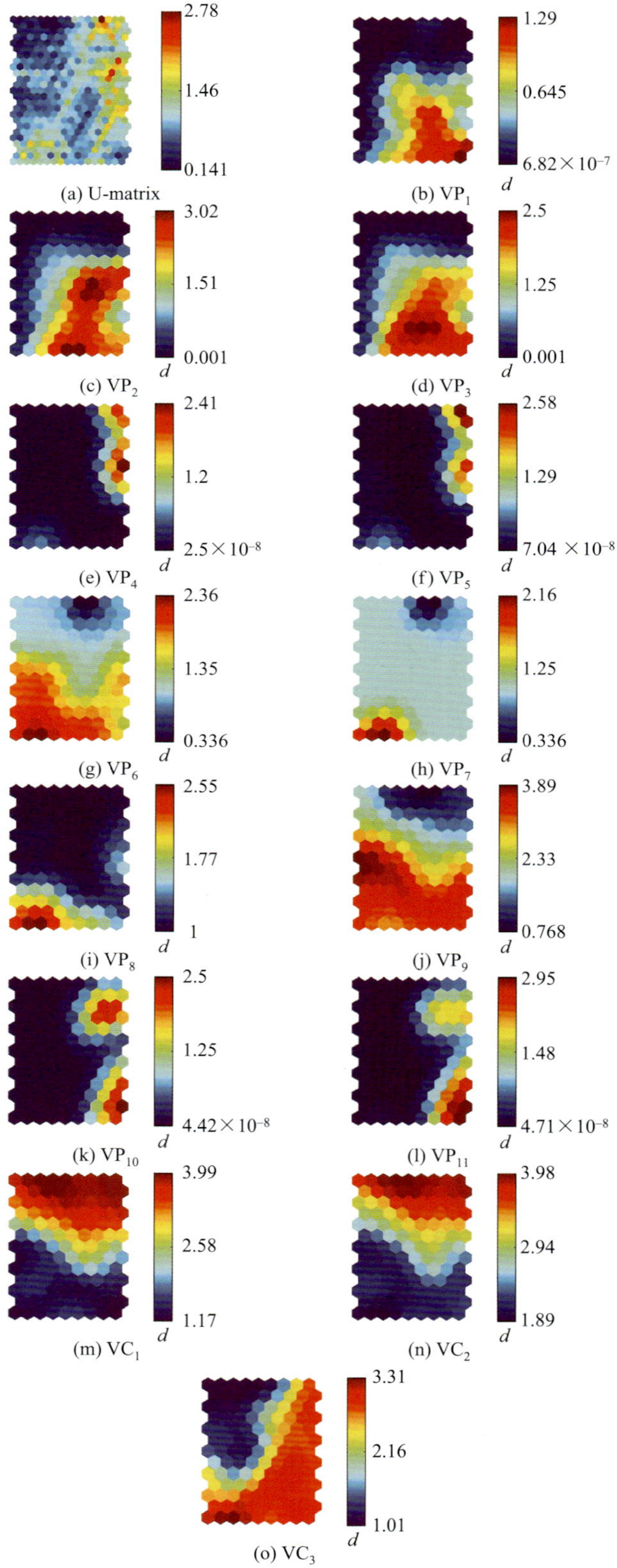

图 5-10　评价单元区域环境脆弱性参数 SOM 组分平面图

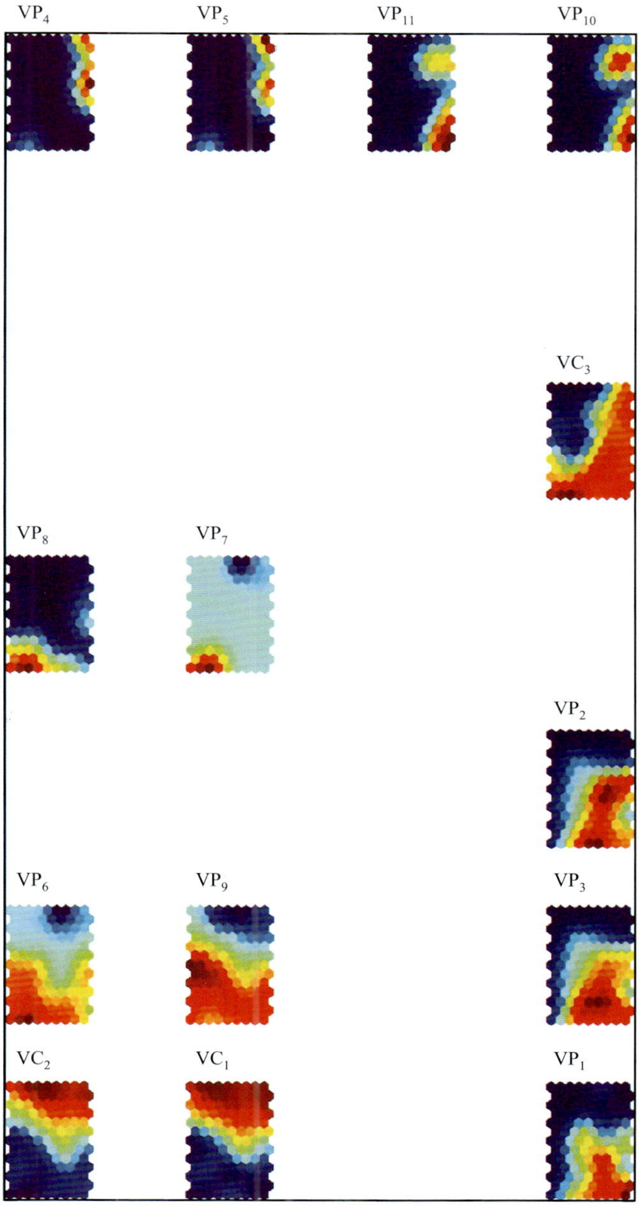

图 5-11　SOM 环境脆弱性参数分组排序

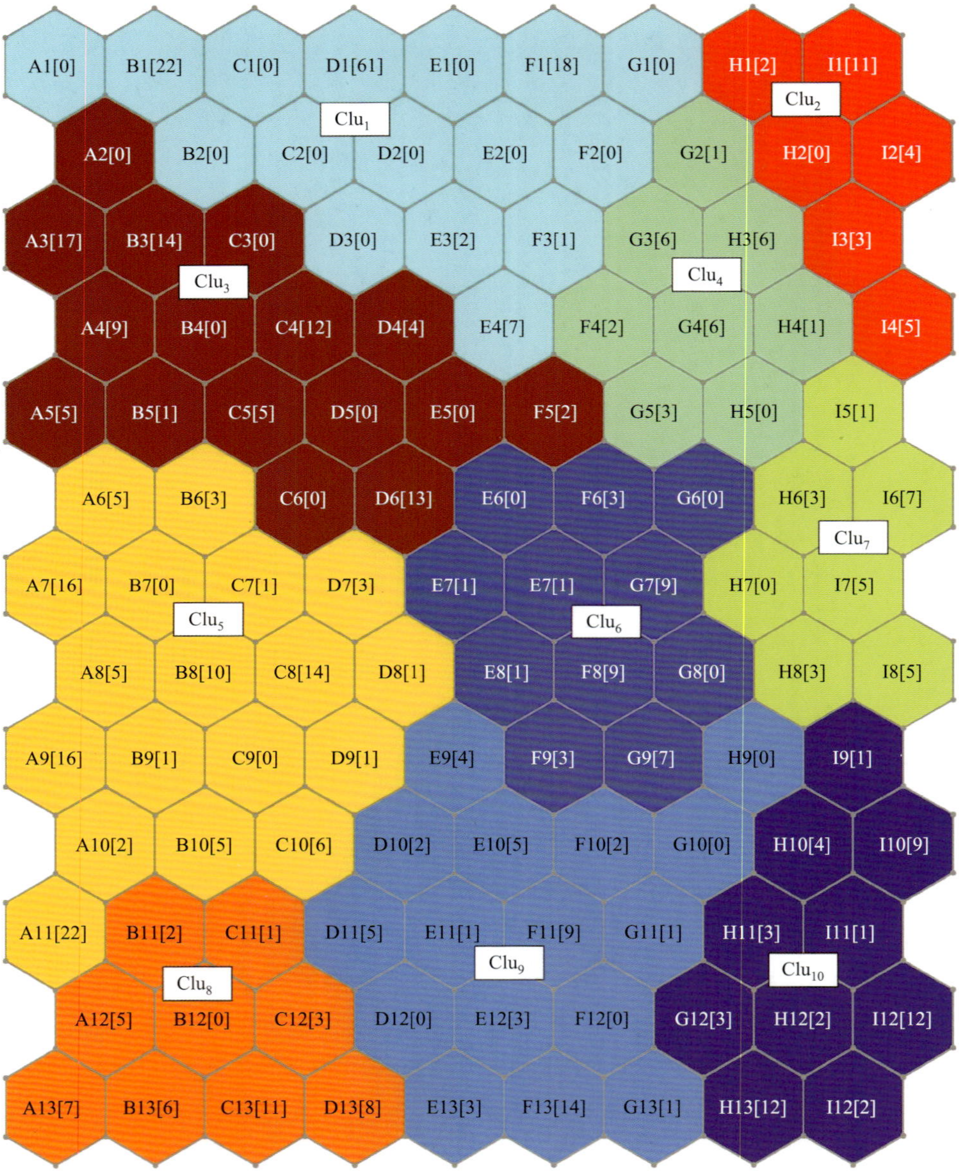

图 5-12 SOM 评价单元区域环境脆弱性聚类结果

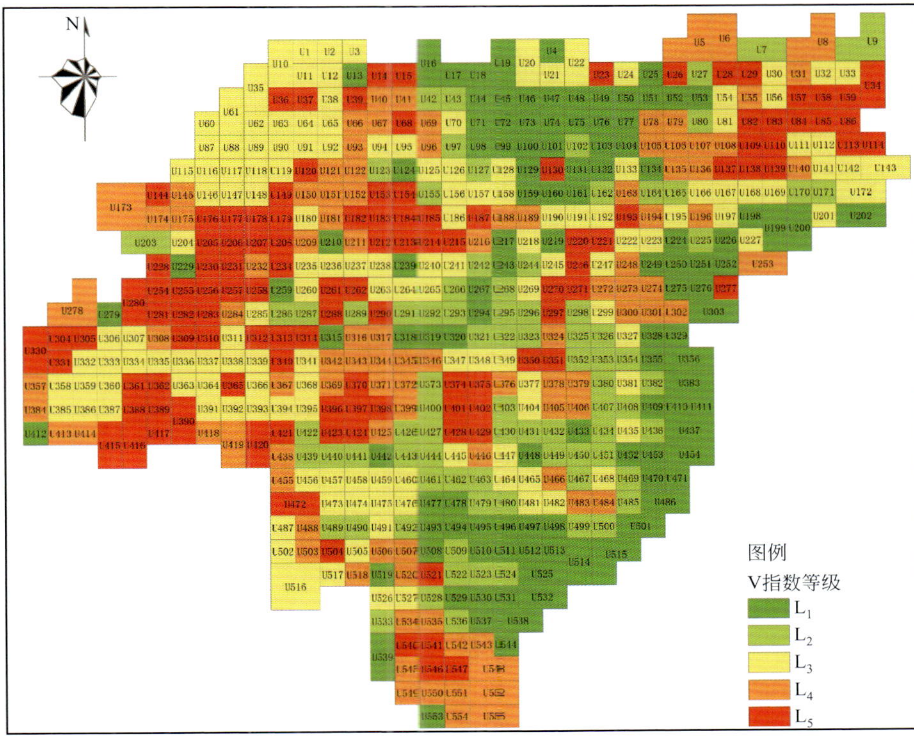

图 5-14　哈尔滨市评价单元区域环境脆弱性指数等级分布

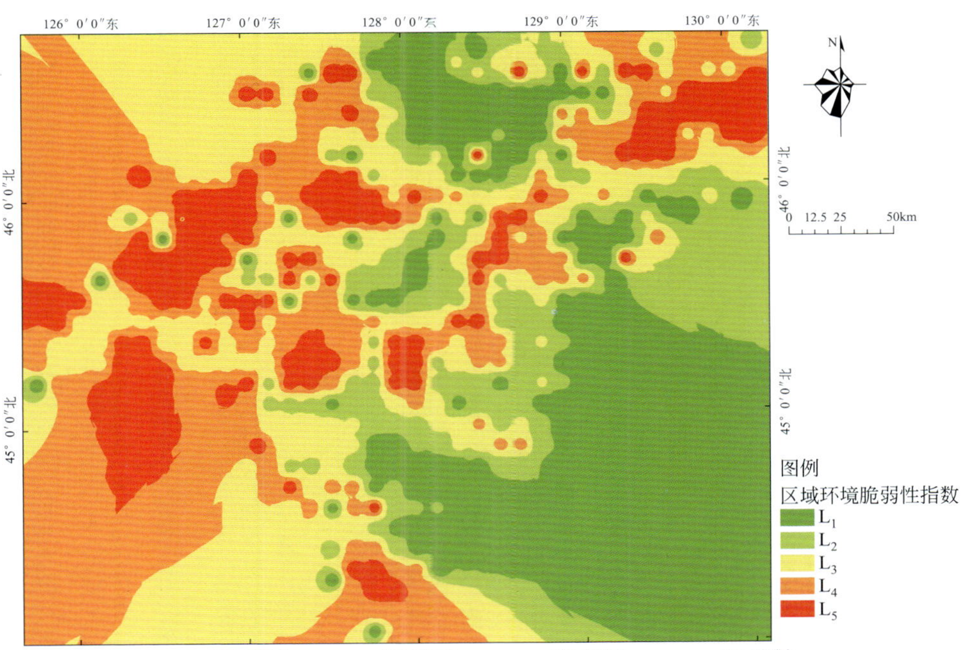

图 5-15　区域环境脆弱性指数评价单元栅格化处理

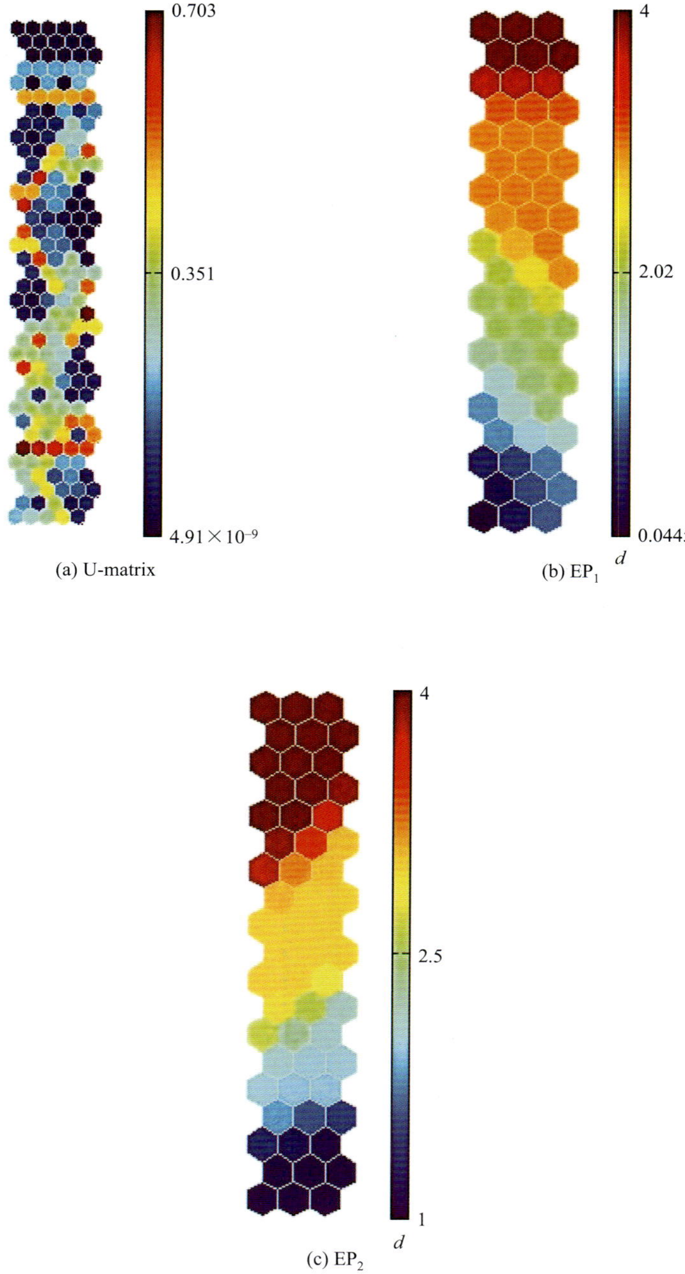

图 5-17　LX03 受体动态暴露性参数 SOM 组分平面图

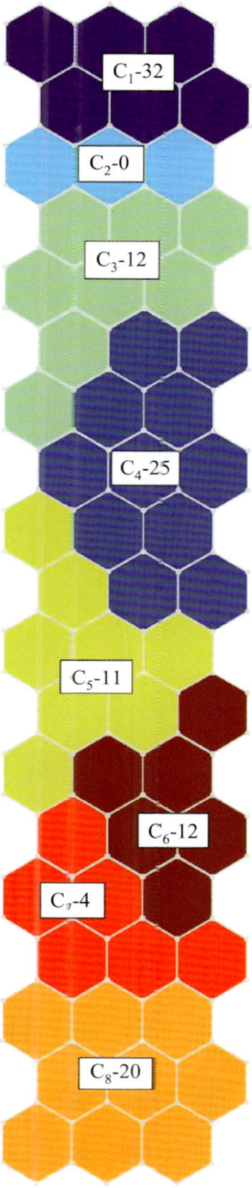

图 5-18　LX03 受体动态暴露性 SOM 聚类结果

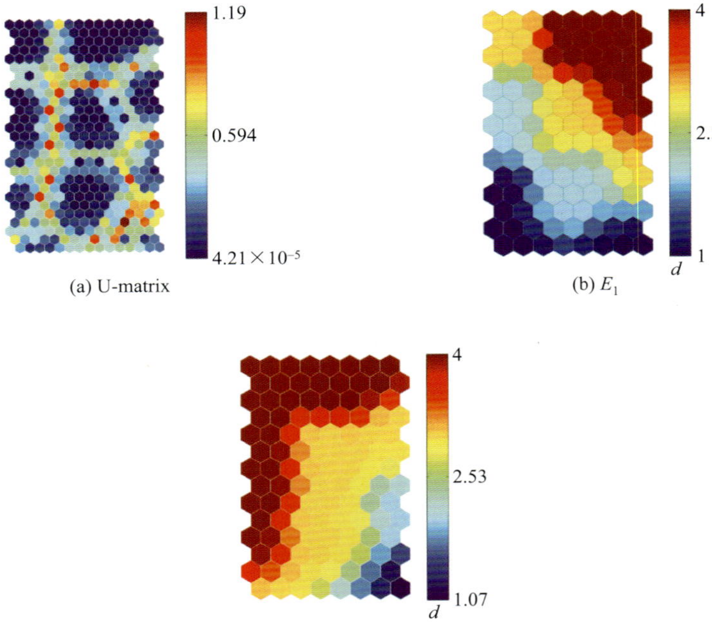

(a) U-matrix

(b) E_1

(c) E_2

图 5-20　峰值暴露性参数 SOM 组分平面图

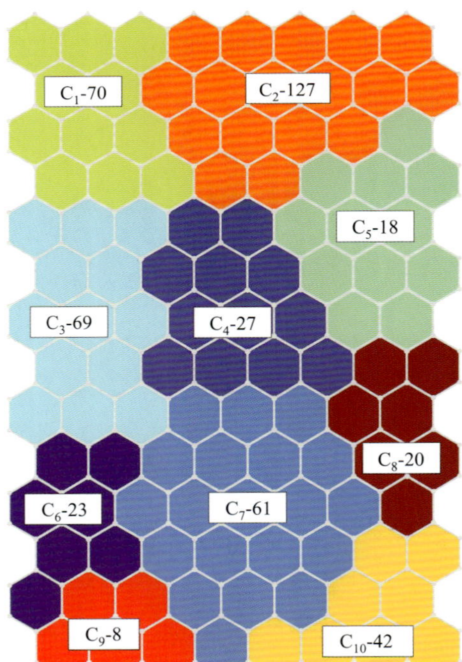

图 5-21　峰值暴露性 SOM 聚类结果

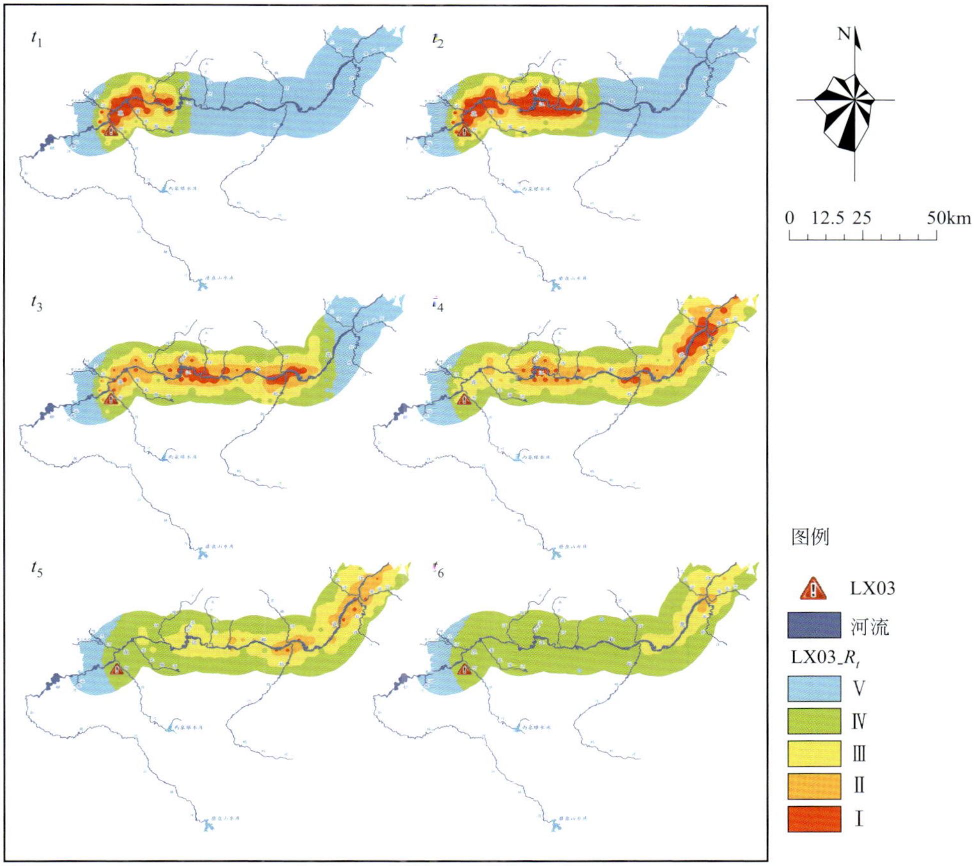

图 5-24　风险源 LX03 风险动态分区分布

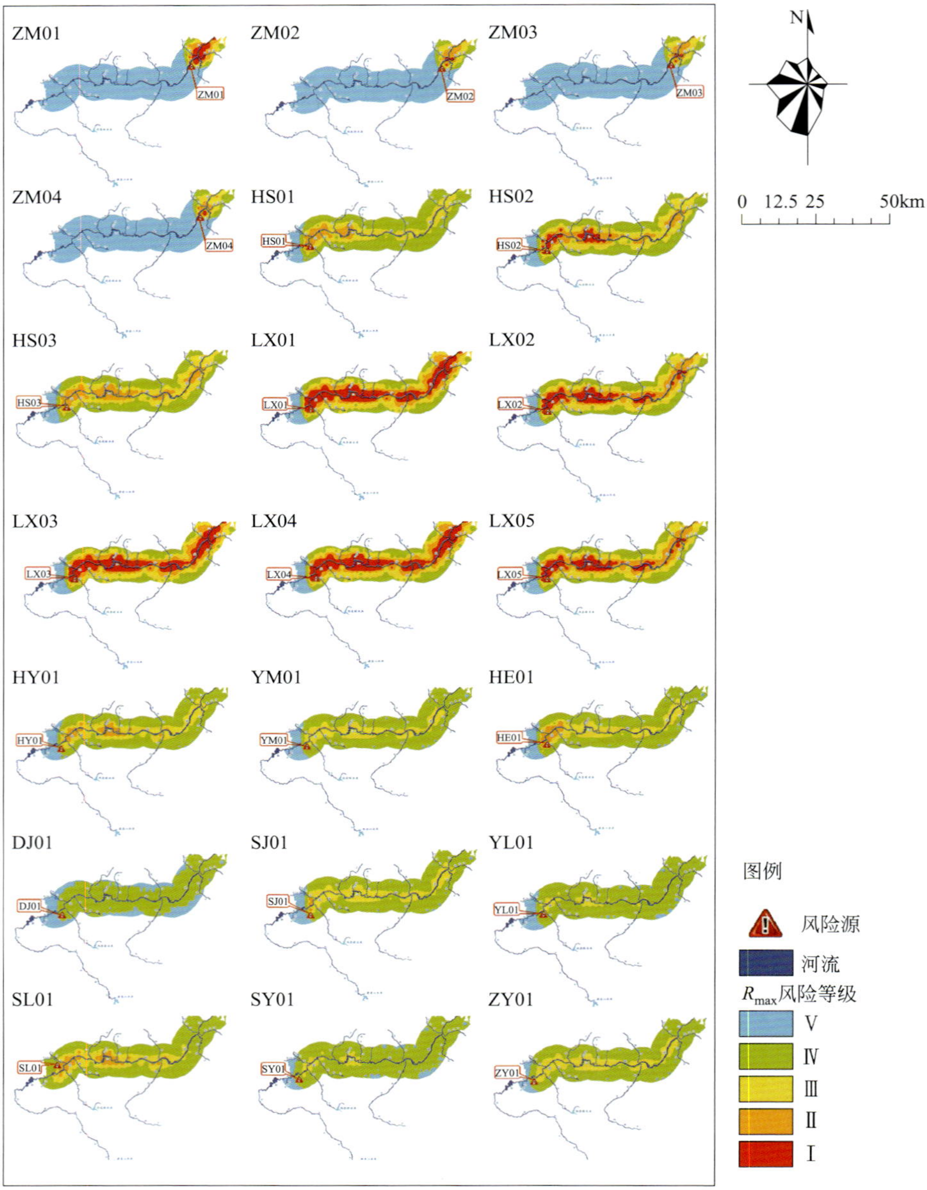

图 5-25 哈尔滨市风险源风险峰值分区分布